自然感悟
Nature series

Primate Puzzles

Why Haven't All Primals

Evolved into Humans?

猿猴家书

——我们为什么没有进化成人

张鹏 著

商务印书馆
The Commercial Press

2016年·北京

图书在版编目(CIP)数据

猿猴家书:我们为什么没有进化成人/张鹏著.—
北京:商务印书馆,2015(2016.3 重印)
(自然感悟丛书)
ISBN 978 - 7 - 100 - 11064 - 8

Ⅰ.①猿…　Ⅱ.①张…　Ⅲ.①人类起源—普及读物
Ⅳ.①Q981.1-49

中国版本图书馆 CIP 数据核字(2015)第 023489 号

猿 猴 家 书
——我们为什么没有进化成人
张 鹏 著

商 务 印 书 馆 出 版
(北京王府井大街 36 号　邮政编码 100710)
商 务 印 书 馆 发 行
北 京 新 华 印 刷 有 限 公 司 印 刷
ISBN 978 - 7 - 100 - 11064 - 8

2015 年 2 月第 1 版　　　　开本 880×1240　1/32
2016 年 3 月北京第 3 次印刷　印张 8¾
定价:48.00 元

谨以此书

献给我的父亲张广文和母亲王梅雪

目录

宇宙浩瀚无垠，地球遨游其中犹如沧海一粟，似乎可以忽略不计。然寰球游史迄今已有46亿年，其上生命史也长达36亿年。正因为如此漫长的生命进化历史和各种机缘巧合，地球上的生命世界才会如此缤纷灿烂。距今约6400万年前，地球上孕育出最聪明的生命类群——灵长类，我们人类也是其中一员，出现于约500万年前。从某些方面来说，灵长类动物乃万物之灵，它们在身体结构、生理、代谢、思维和智慧、活动行为、社会制度等方面都与人类有着千丝万缕的联系，人类社会很多的现象和行为都能在它们中找到痕迹与印证。

于是，若干年来，曾有好些人都向我提出过一个共同问题："当今世上的猴和猿会有一天进化成人类吗？"面对这一问题，我的回答是："一定不会！难道您认为我会进化成您或者您会进化成我吗？我俩之所以不同是因为我们的经历不同所致。其实，当今世上的人、猿、猴以及地球上的所有物种都是同时代的进化产物，都有着数十亿年的进化历程，之所以表现出不同的生命形式就是其进化历程，即经历的不同的体现。"我以为：提出这一问题的人是因为他们把对地球上物质资源的操控能力作为生物进化水平高低程度的判断基准，认为在世间万物中，人类操控物质资源的能力最强，就应该是地球上进化程度最高的生命形式，是其他物种不断进化的必然结果。殊不知"天生我材必有用"才是最基本的自然法则！

我与张鹏教授相识是在十年前的一次中国灵长类保护国际研讨会上。当时，他还是一位飘逸潇洒的年轻学生，正在日本京都大学灵长类研究所攻读博士学位。那时他的一个重要科学发现——日本猕猴眼睛虹膜颜色随纬度升高而变化的规律——引起了我对这位年轻人的注意。当时我就认定张鹏是非常聪明而又善于思考之人，他的视角独特，科学思维敏捷，有思想，且敢于挑战权威。记得我在1982年大学毕业刚被分配到中国科学院昆明动物研究所时，前辈们就曾告诫我们：一定不要盯住猴眼看，否则会被攻击的。倘若他也和我们一样，遵从前辈教诲，永远不敢与猴眼对视，他就决不会有此发现。我们中国灵长类学界需要的就是这类人才精英！他的这本《猿猴家书》以生动活泼的百问形式分别对有关灵长类动物的物种分类、身体结构、日常生活、繁衍后代、行为特征、社会交往、心智水平七个方面给出了系统的科学描述，且语言十分生动和通俗易懂，集科学性、知识性和趣味性于一体，是我读到的最具趣味性的灵长类学入门读物，堪称灵长类动物王国公园的游憩指南，其读者群可为普通大学生和中学生，甚至一些小学生亦无不可。大家通过阅读本书的字里行间，便可跟随张鹏教授的脚步，去逐一认知灵长类动物王国的各种神奇与美妙。

中国是北半球灵长类动物种类最多的国家，又是世界上灵长类动物最濒危的国家。其根本原因就是我们中国拥有13亿人口，而人类就是一种灵长类！由于人类的人丁过于兴旺，九州河山的灵长类动物家园已经基本丧失殆尽。其实，我们关爱灵长类动物并非只是对这些弱小生命的怜悯和施舍，也关系到人类自身的生存安全。因为灵长类动物的存在是生态文明的标志，表明生态系统仍保持健康，大自然的原创和地球几十亿年的进化结晶在此依然。普天之下凡能听到猴鸣猿啸的地方，都是无旱无涝，风调雨顺，生态安全无忧的地方！我衷心地希望看到：中华大地上人与自然的和谐不再只是一句口号，有更多的华夏子孙站出来，理直气壮地关心这片土地上的其他生命形式，特别是我们人类的近亲——灵长类动物们的喜怒哀乐，并为这些令人爱怜而又美丽奇妙的生命带去真爱！

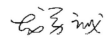

（美国大自然保护协会中国部首席科学家）

2014年5月25日星期日

序二

　　灵长类通常被人称为猴，"灵"是聪明的意思，而"长"为第一之意。我们的祖先把猴称为灵长类，可见他们早就看出这是一类最聪明的动物。当然灵长类也是现生动物中与人类亲缘关系最近的动物，又有人类亲缘或人类血缘一说。除了这种与生俱来的神秘关系之外，灵长类在行为、生理和形态结构、思维、表情等方面都有与人的相似之处。古人笔下的孙悟空，就是灵长类的智慧化身，那种爱憎分明、调皮可爱、聪明伶俐甚至是花言巧语的性格特征，承载了人类对灵长类的无限喜爱。

　　正因如此，男女老少才会对灵长类如此喜爱、如此关心。但是如何让普通老百姓愿意去更多地了解灵长类的科学知识，愿意去读一部讲述灵长类分类知识的书籍，而不是有趣的小说或是故事书，的确需要我们灵长类研究者费一番功夫，花一番心思。

　　《猿猴家书》是张鹏博士的新作，就是采用了一种特殊的书信问答方式，把枯燥乏味的知识巧妙地设计成各种问题，问题回答了，知识也介绍了。猿猴"为什么没有进化成人"这个话题也是很多非生物专业人士和普通人群经常提到的问题，以此作为副标题一下子就把读者的兴趣提起来了，愿意往下读了。这也是创新，这种创新在传播知识方面更为重要。

　　我认识的张鹏博士是一位在灵长类研究方面做得很棒的学者，一位科研成果高产的学者，同时也是一位善于把知识和趣事与大家分享的学者，祝愿他能在灵长类科学传播方面写出更多大众愿意读、喜欢读的好作品。

（中国科学院动物研究所研究员

中国科学技术协会首席科学传播专家）

2014年5月

前言

前段时间某央视媒体向我咨询新疆野人的事情。记者听说新疆出现大大小小十余种野人，问我这些野人会不会是某种未曾被发现的类人猿。我对这件事情的态度是：我没有去过新疆调查，但这件事倒让我想起了流传已久的关于湖北神农架野人的传说。从战国屈原的《山鬼》，明代李时珍的《本草纲目》，到清代同治年间当地的《房志稿》和《兴山县志》，关于神农架野人的传说层出不穷。当地村民也说曾经在神农架遭遇野人，其外形类似某种大型的猿猴。但是村民没有找到野人的化石、尸体、取食和繁殖等生物学材料，无法证明野人是否存在。1976年以后，当地政府先后组织了几次大规模的科学考察，也未能采集到野人或大型类人猿的生物学证据。即便如此，关于神农架存在野人的传闻仍然深入人心。可以说，神农架野人的传说是非常成功的文化载体，它承载着人们寻根的欲望，守护着人们内心深处的孤独感。这一点似乎比寻找野人的生物学证据更加重要。

人们渴望听到猿猴的故事，即使非常离奇，也会让听众们乐此不疲。例如，2011年的好莱坞影片《猩球崛起》夺得票房榜首，就是因为在某种程度上满足了人们这方面的需求。影片描述了一名叫恺撒的黑猩猩在经历了人工动物临床试验后，获得与人类匹敌的智能。恺撒开始追求自身自由，反抗人类管理者。影片中恺撒一共只说了两句话，来推进情节进入高潮：第一句是他愤然对饲养员说"NO!"；第二句是他站在森林里对原主人说"Caesar is home"。这两句话意味深长，呼吁我们站在动物的角度重新思考人与自然界的关系。在此之前，《金刚》、《人猿泰山》和《人猿星球》等猿猴主题的影片也屡破票房纪录，被翻拍了多次。这些电影描述猿猴在未来的某一天变成了人，具有比人类更强大的智能和力量，能够与人类交流、相爱，甚至取代人类成为新的星球统治者。这些电影所以能够成功，是因为它满足了人们对猿猴故事的渴望。

　　猿猴是世界上最神奇的动物之一，激发我们无限的遐想。猿猴与人类都属于灵长类。我们虽然能立即指出它们与人的差别，但是又难以否认它们与人类有相似的手脚、体形、表情和行为特征。其中黑猩猩与人类最为近缘，其基因序列与人类的相似度高达98.7%。它们可以制造和使用60余种工具，甚至推翻了"人类是唯一会制造和使用工具的动物"的经典定义。站在黑猩猩笼舍前，人们不禁会怀疑栏杆的两边是"我在观察他，还是他在观察我"。我们常常疑惑，黑猩猩为什么没有变成人？或黑猩猩什么时候会变成人？

　　20世纪以来，科学家对灵长类的研究为理解人类自身提供了新的视角。越来越多的学者们意识到我们不能只关注人类自身，还应当通过比较人类与其他670余种灵长类的异同探索人性本质。如黑猩猩具有文化行为、懂得制造和使用60余种工具等，这些特征一次次推翻了"人类是唯一有文化的动物"、"人类是唯一会制造和使用工具的动物"等古典人类定义。如今，灵长类研究迅速发展成为跨越生物学和人类学的新兴研究领域。欧美和日本的知名大学都开设了灵长类进化论或生物人类学的通识课程，使其成为提高学生科学素质、科学思维方法的重要内容之一。

　　我国是世界上猿猴分布最丰富的国家，但是人们一般只见过动物园里的猴子，对野生猿猴并不了解。经常有人问我：人是猴子变的吗？如果猴子变成了人，那动物园里为什么还有那么多猴子？猴子需要多长时间能变成人？神农架的野人是猴子吗？这些问题反映了我们对近亲猿猴物种的知识渴求，也反映了我国市场上缺乏关于猿猴进化科普资料的现况。

　　本书是一本综合介绍猿猴的科普图书。由于本人是灵长类学者，所以书稿具有较高的学术水准，并具备综合全面、例证准确和图文并茂的特点。本书参照了本人之前的两本教材《灵长类的社会进化》（2009）和《猴、猿、人——思考人性的起源》（2012）内容，同时进行了必要的改动，方便更广泛的读者阅读。此外，这本书强调猿猴与人类之间的差异性，而上两本教材主要强调人与猿猴的共通性。为了增加可读性，书中略去烦琐的数据图表，增加大量图片。文中以一问一答的方式介绍了猿猴进化、身体、生态、性与繁殖、行为、社会、智能等几个主要方面的综合知识。读者可以从头至尾地进行传统阅读，也可以挑选自己感兴趣的问题展开阅读，从而提升对本书探索的兴趣。本书为大众性科普读物，适合于中学生、大学生、学者，以及对野生动物生态和人类进化感兴趣的读者群。

此外，本书重点从生物学角度探讨了人类与猿猴异同和人类生物属性等问题，其中基础理论和观点与哲学、社会学和文化人类学书籍的可能存在不同。人类是生物学性质和文化性质的综合体，所以我们的具体思想和行动在符合生物学基础的同时，仍需要遵循当时当地的文化传统。希望读者能够通过现象看本质，了解人类的生物属性，形成正确的人生观和价值观。

从1999年开始研究灵长类至今，我受到很多老师和朋友们的指点，希望借此书一并感谢。感谢京都大学灵长类研究所的和田一雄老师、三上章允老师、景山节老师、森明雄老师、大泽秀行老师、毛利俊雄老师、川本芳老师、高井正成老师、Michael Huffman老师、茂原信生老师、古井刚史老师、半谷吾郎老师等国外同行的悉心传授。感谢西北大学李保国老师、北京大学心理学系苏彦捷老师、大自然保护组织龙勇诚老师、中国科学院动物所李明老师、中山大学周大鸣老师、麻国庆老师、张应强老师、李法军老师等国内同行的长期支持。感谢中山大学人类学系的陈天俏同学、梁静婷同学和李雯玉同学对书稿提出的建设性意见。感谢南兆旭先生对本书出版的支持。本书的出版受到国家自然科学基金（31270442,31470456）、教育部新世纪优秀人才科研经费（2013）、广东省千百十省级培养人才经费（2013）、广东省高校优秀青年创新人才培养计划（2010~2015）和中山大学灵长类研究基金的支持。在此对上述单位表示感谢。

感谢父母对我的培养，感谢妻子对我一如既往的理解和支持。最后感谢世界上所有的猿猴，他们是永远陪伴我们的人类亲缘。

第一章

进化与分类

为什么要给动物们分类？我们要识别成千上万种动物，就要给他们适当的名称，并在动物王国的"家谱"中进行种类鉴别和编目，这样可以使我们的研究有规律可循。例如，你知道美国总统奥巴马和鼠狐猴[1]有什么关系吗？右边的分类图示说明奥巴马和鼠狐猴都属于灵长目。

动物界	界	动物界
脊索动物门	门	脊索动物门
哺乳纲	纲	哺乳纲
灵长目	目	灵长目
简鼻猴亚目		原猴亚目
类人猿下目		狐猴型下目
人科	科	鼠狐猴科
人属	属	鼠狐猴属
智人种	种	鼠狐猴种

动物分类的关系 （张鹏制图）

[1] 鼠狐猴（*Cheirogaleus major*）是世界上最小的原猴类，分布在马达加斯加岛西南沿岸的潮湿林地和草丛中。其体长约12.6厘米，尾长约13.2厘米，体重40~100克。属于极危物种，数量稀少。

猴和猿有什么区别?

猴博士:

您好。我不知道该怎样介绍自己。我的脸像猴子,但是我全身黑色则更像黑猩猩。大家都搞不清我是猴子还是猩猩,有人甚至说我是猿和猴的杂种。猿和猴的区别是什么? 有人说:"猿比猴子大一些。""猿比猴聪明一些。""猿比猴子更像人。""猿会使用火,而猴不会。"也有人说:"猿猴有区别吗,他们是一样的吧? "我想知道自己的身世,您能给出正确答案吗?

黑猴

来自印度尼西亚苏拉威西岛

[2] 黑猴(*Macaca nigra*)是一种珍稀猕猴,分布于印度尼西亚苏拉威西岛及邻近的岛屿。其通体大部分为黑色,头顶有一缕竖起的毛发,体长45厘米至60厘米,尾长1~3厘米,重5~10公斤,寿命约25年。杂食性,主食果实、树叶、昆虫、鸟蛋等。

黑猴[2](Rizaldi 摄于苏拉威西岛)

[3] 黑猩猩（*Pan troglodytes*）是与人类血缘最近的现生动物，也是当今除人类之外智力水平最高的生物，生活在非洲西部及中部的森林中。英文名"Chimpanzee"，在非洲土语中意指"小精灵"。全球黑猩猩约有十万只左右，野生种群正以惊人的速度减少，被列为濒危灭绝物种。

[4] 猕猴（*Macaca mulatta*）属于旧世界猴的猴亚科，是亚洲地区最常见的一种猴，也被称为猢狲、黄猴、恒河猴、广西猴。猕猴群居，营半树栖生活，适应性强，容易驯养繁殖，生理上与人类较接近。猕猴也常被用于进行各种医学试验。属于国家二级保护动物，不能作为宠物为个人所饲养。

猿与猴：黑猩猩[3]［上］（张鹏摄于日本猿猴中心）；猕猴[4]［下］（张鹏摄于海南南湾猴岛）

你的名字是黑猴，是一种印度尼西亚苏拉威西岛特有的猕猴属种类，属于濒临灭绝的珍稀猴类。仅靠体毛颜色并不能说明问题，除了你，也有一些猴子是通体黑色的，例如广西的黑叶猴。**你的黑色毛发与黑猩猩并没有关系，而是因为长期的岛屿隔绝，使你形成了与其他猕猴不同的特征。**所以，你是猴，而不是猿。

"猿"一般指类人猿，而"猴"一般指原猴类、新世界猴和旧世界猴。为什么说你是猴，而不是猿？因为猿和猴有以下明显区别：

①猿无尾，而猴有尾；

②猿的体型一般比猴大（除长臂猿以外）；

③猿的胳膊长于腿，而猴的胳膊一般与腿长度相当；四肢行走时，猴的臀部和肩呈同一个水平面，而猿的肩部明显高于臀部（如大猩猩、黑猩猩、倭黑猩猩、猩猩）；

④猿的上臂活动范围明显大于猴，例如直立行走时，猿的上臂可以上举，而猴则不行（除了蛛猴以外）；

⑤猿几乎不用四肢行走，而采取直立的姿势行走；

⑥猿的智能总体上比猴发达，但是猕猴数数字的能力明显超过长臂猿；

⑦猿的生理、形态和行为等其他方面也比猴子更接近人。

你的上述特征都是符合猴的。此外，能不能使用火不是区别猿和猴的因素。所有灵长类中，只有人类会使用火。而人类直到约50万年前的北京猿人[5]才学会使用火的，之前的早期人类也不会使用火。

[5] 北京猿人又称北京人，或北京直立人（*Homo erectus pekinensis*），是生活在更新世的直立人。其化石遗存于1927年在中国北京市西南的周口店龙骨山被发现。关于其年代的争议较大，一般认为在距今约50万年前。

猿无尾，在树枝下方摆臂式移动；猴有尾，在树枝上方四肢爬行移动（图片资料来源 Jolly Alison. *The Evolution of Primate Behavior*. 1985. Macmillan Publication Company.）

我是谁?

猴博士:

　　您好。我是一只猕猴。您之前提到灵长类分为原猴类、新世界猴、旧世界猴和类人猿。这些有什么区别吗? 我属于哪一类群呢?

　　　　　　　　　　　　　　　　　　想了解自己的猕猴

　　　　　　　　　　　　　　　　　　来自海南南湾猴岛

猕猴 (张鹏摄于
海南南湾猴岛)

1.1 原猴类（狐猴类型，马达加斯加岛）

鼠狐猴型　　狐猴型　　大狐猴型　　指狐猴型

1.2 原猴类（懒猴类型，亚洲、非洲）

懒猴型　　婴猴型

1.3 原猴类（眼镜猴类型，东南亚）

2 新世界猴（中、南美洲）

普通新世界猴型　　节尾猴型　　狨和柽柳猴型

3 旧世界猴（非洲、亚洲）

叶猴型　　狒狒、猕猴、长尾猴型

4 类人猿和人类（非洲、亚洲）

长臂猿型　　大型类人猿　　人

灵长类类型图（张鹏制）

灵长类是个大家族，包括660多个现生种和其他化石种类。**我们将灵长类分为原猴类、新世界猴、旧世界猴、类人猿（人类）四个类群。**猕猴属于旧世界猴中的猕猴属，在进化上算是人类的表兄弟呢。下面我按照进化的先后关系，总结一下灵长类的四个主要类别。

1. 原猴类：又叫低等灵长类，维持着6500万年前初期猿猴的状态，是**灵长类的活化石**，其中包括狐猴型和懒猴型两个亚目。前者仅分布于非洲的马达加斯加岛及其周边岛屿。后者分布范围较广，在非洲和亚洲都有发现。很多原猴类有夜行性的特征。

[6] 环尾狐猴（*Lemur catta*）属于狐猴型亚目狐猴科狐猴属。分布于非洲马达加斯加岛，群居，白天活动，生存适应能力强。得名于其尾部黑白相间的11~12条环状花纹，这一特征是其他种类狐猴所没有的。

环尾狐猴[6]（张鹏摄于日本猿猴中心）

[7] 婴猴（*Calago senegalensis*）属于懒猴型亚目婴猴科婴猴属。体型与松鼠一般大，树栖、夜间活动。行动敏捷，善于跳跃，一跃可达3~5米。颈部非常灵活，能向后回转180度；胸腹部各有1对乳头。主食昆虫及其他小动物、水果和树汁。

婴猴[7]（张鹏摄于日本猿猴中心）

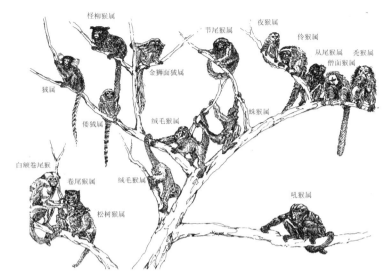

怪柳猴属
节尾猴属
夜猴属
伶猴属
金狮面狨属
从尾猴属
秃猴属
僧面猴属
狨属
倭狨属
绒毛猴属
蛛猴属
白额卷尾猴
卷尾猴属
绒毛猴属
松树猴属
吼猴属

新世界猴大家族

2. **新世界猴：是分布于中、南美洲的猿猴大家庭，包括卷尾猴科、青猴科、僧面猴科和蜘蛛猴科。**他们与旧世界猴的主要区别之一是鼻的外部形状。此外，新世界猴有12个前臼齿，而旧世界猴、长臂猿科和人科只有8个前臼齿。除了绢毛猴以外，新世界猴都生活在潮热的热带雨林，主食水果、嫩叶、昆虫和鸟蛋等。卷尾猴科和蜘蛛猴科的种类可以借助尾巴攀爬和抓取食物，其尾巴的灵活程度不亚于手脚。而青猴科和僧面猴科种类的尾巴则没有攀爬和抓取的功能，体型也较小。蛛猴的拇指退化，这一点类似于旧世界猴的叶猴类。

3. **旧世界猴：即猴科，分布于非洲和亚洲，是我们最熟悉的种类。其中分为猴亚科和疣猴亚科两大部分。**猴亚科的主要

大狒狒　　　猕猴

狭鼻猴类（旧世界猴，类人猿，人）

节尾猴属　　卷尾猴属　　倭狨属

阔鼻猴类（新世界猴）

新世界猴与旧世界猴的鼻型差异。新世界猴的鼻部软骨间隔很宽，鼻孔开向侧方，鼻孔间距较宽，故被称为阔鼻猴类。而旧世界猴的鼻孔都是朝下的，鼻间距较窄，故又被称为狭鼻猴类。旧世界猴与人类更加近缘，进化时间顺序是原猴类—旧世界猴—类人猿—人类。

[8] 红脸蛛猴（*Ateles paniscus*）属于新世界猴，分布于巴西北部，属濒危灭绝种类。因四肢细长，在树上活动时，远看像一只巨大的蜘蛛而得名。毛多且密，头圆小。尾长大于体长，可达80厘米，缠绕性极强。白天活动，小群觅食，晚上可集上百只的大群。

[9] 川金丝猴（*Rhinopithecus roxellana*）属于旧世界猴的疣猴亚科，是我国特有的珍稀濒危灵长类，国家一级保护动物。川金丝猴身披金色长毛。脸庞呈蓝色，面相淳朴和蔼，天生一对朝天翘的鼻孔，又名仰鼻猴。主要天敌有豺、狼、金猫、鹰和人类。

红脸蛛猴[8]（张鹏摄于广州香江野生动物园）

川金丝猴[9]（张鹏摄于秦岭）

特征是前肢稍长于后肢、尾短、面部裸出，其中猕猴、台湾猴和藏酋猴等猕猴属种类在我国较常见。猴亚科种类多有暂时储存食物的颊囊。与猴亚科相比，疣猴亚科体型瘦长，后肢长于前肢，拇指退化，而拇趾粗大，头显得更圆，尾很长。金丝猴和白头叶猴等是我们较熟悉的疣猴亚科的种类。疣猴亚科一般没有颊囊，而是形成复胃结构，胃容量是猴亚科的3倍左右，适应于大量取食树皮和树叶等低能量食物。旧世界猴是人类和类人猿的直系祖先。

4. **长臂猿科和人科**：长臂猿科是较为原始的类人猿，体型小，又叫**小型类人猿**。其中包括长臂猿属、白眉长臂猿属、黑冠长臂猿属和合趾猿属的十余个种类。长臂猿仅分布于亚洲，分布范围东起中国云南、海南省，西至印度阿萨省以及东南亚地区，活动范围的海拔高度可达2700米。海南长臂猿是我国的特有种类，仅有20余只，几近灭亡，是世界上最濒危的猿猴。

[10] 白掌长臂猿（*Hylobates lar*）是国家一级保护动物，分布于我国云南和东南亚地区。他们的手、足呈白色或淡白色，手臂偏长，因此得名。树栖性，极少在地面上活动，营一雄一雌的家庭式生活，以嫩枝芽、树叶、果实、昆虫、鸟蛋为食。

白掌长臂猿[10]（张鹏摄于日本猿猴中心）

人科包括大型类人猿种类（大猩猩属、黑猩猩属、猩猩属）、绝迹的原始人类和现生人类。 大型类人猿在进化上非常接近于人类。他们有发达的大脑、复杂的认知能力和稳定的社会结构，以及与人类相似的感情和精神世界。他们的行为、组织结构、生理和代谢的特点也均与人类相似。例如在体质特征方面，类人猿和人类都有复杂的大脑结构、宽阔的胸廓、盲肠、蚓突以及扁平的胸骨。

　　但是，类人猿与人类也有明显区别，例如类人猿善于臂行、前肢长于后肢、无法完全直立行走等。历史上曾经出现过几十种类人猿，后来大多数都已灭绝。如今类人猿仅分布于非洲和亚洲的森林里，由于栖息地被破坏和人类的捕猎，所有类人猿都面临灭绝的危险。人类是目前最为昌盛的人科种类，人口高达70余亿，分布于世界各地。

现生人科动物

自左至右：猩猩（Matsuda Ikki 摄于马来西亚婆罗洲）；

大猩猩，倭黑猩猩，黑猩猩（张鹏摄于日本猿猴中心）；

人（林娜摄影）

好奇异的果子狸！

✉️

猴博士：

您好。我在家里灯罩上面抓了一只奇怪的果子狸。这家伙的体型比一般果子狸小，长得像个异形，眼睛特别大。他很少活动，基本上都是在睡觉。村里人从来没见过这么奇怪的果子狸，有人说扔掉算了，有人说煮了吃掉，尝尝鲜。我不会养这种东西，不知道他吃什么东西，但是我还是想先搞清楚这是个什么东西。信中有照片。请您尽快回复我。

某村村民

来自云南无量山

我是以最快的方式给你回信，希望你们还没有处理那只奇怪的"果子狸"。其实他不是果子狸，而是一只懒猴。**他和国宝熊猫一样，都是国家一级重点保护动物**，仅分布在云南、广西和东南亚一些国家，数量非常稀少。饲养和伤害他都是违法的。希望你尽快将懒猴放归森林。

懒猴外形不像人们印象中的猴子，而更像果子狸或松鼠。这并不奇怪，确切地说他长得更像树鼩。树鼩在云南也有分布，是猿猴的祖先型动物，出现于一亿年前的中生代末或白垩纪期间——那是恐龙等爬行类统治地

[11] 懒猴（*Loris tardigradus*）别名蜂猴、风猴，分布于云南、广西和东南亚，数量稀少，濒临绝灭，属于国家一级重点保护动物。懒猴是一种原猴类，体长32~35厘米，行动迟缓，生活于热带雨林及亚热带雨林中，完全在树上生活，极少下地，喜独自活动。白天蜷成球状隐蔽在树洞中或在枝丫上歇息，夜晚出来觅食，以植物的果实为食，也捕食昆虫、小鸟及鸟蛋。

懒猴[11]（张鹏摄于日本猿猴中心）

[12] 普通树鼩（*Tupaia glis*）的外形与松鼠相似，但是它具有很多接近于灵长类动物的一些特征，是处于食虫类与灵长类之间的动物。普通树鼩是昼行性动物，在地面上或树上采用急速跳跃式奔跑的方式运动。分布于我国南方和东南亚的热带和亚热带森林。

普通树鼩[12]（张鹏摄于日本猿猴中心）

球的时代。为了躲避恐龙的捕食，猿猴祖先和其他哺乳类大都是夜行性的（晚上出来活动，而白天隐蔽休息），这可以错开恐龙的白天活动时间。**所以，懒猴是一种原始猴类，是猿猴的活化石。**

你仔细看看，懒猴和果子狸有很多不同。例如双眼在面盘前方；手掌和指尖内侧有掌纹和指纹；拇指与其他四指对立，可以灵活地抓握树枝等细小物件等。他的其他生理特征也与猿猴相似。懒猴的寿命长达12年，是果子狸的好几倍。

懒猴并不"懒"，他是夜行性的动物，也就是白天总在树干或树洞中酣睡，即使是被人们抓到时，也不肯抬起头来看一看是否大祸临头，所以被称为懒猴。然而，当晚上人们休息时，他摇身成为黑夜杀手。凭借灵敏的嗅觉，以及强有力的抓握能力，可以将身体挂在树枝上，捕食软体动物、蜥蜴、鸟蛋等，也会吃果实和叶子。他的手肘腺体会分泌毒素，具有保护功能，母猴外出觅食时会将毒素舔在幼猴身上。但是懒猴特别敏感和胆小，人工喂养死亡率很高。

懒猴进入你们家，说明你们那里的生态环境好，保存了这么珍稀的物种。感谢你为珍稀动物创造了良好的生存环境！

猿
猴
家
书

猴子为什么爱上树?

猴博士:

您好。我是杰氏狨。今天看到一则笑话,和您分享一下:"漂亮的长颈鹿嫁给了英俊的猴子。一年后,长颈鹿突然提出离婚:'我再也不要过这种上蹿下跳的日子了!'猴子大怒:'离就离!我早就跟你过够了!亲个嘴还得爬树!'"开心吧。我发现人都是在地上活动的,但是为什么猿猴都喜欢在树上生活?

树上精灵——杰氏狨

来自巴西

[13] 杰氏狨(*Callithrix geoffroyi*),又名白面狨、白额狨,是一种小型新世界猴,分布于巴西的热带雨林。

杰氏狨[13](张鹏摄于日本猿猴中心)

猿猴对森林环境的适应（图片资料来源 Smuts BB et al. *Primate societies.* 1987. Chicago: University of Chicago Press.）

　　猿猴基本上都是树栖种类，很少到地面上。只有个别物种是地栖性的，例如大猩猩由于体重过大，而狒狒生活在草原，都很少上树。人类也是一个例外，由于经历了草原生活，现在也是地栖种类了（详见1.9 人为什么要直立行走）。猿猴的树栖习性是在长期进化中形成的。

　　6500万年前，霸主恐龙灭绝了，随后进入了哺乳类繁盛的时期，形成了如今世界上各种各样的哺乳类动物。大象是长鼻目的代表，适应了草原环境；蝙蝠是翼手目的代表，适应了空中环境；鲸鱼与草原的食肉类近缘，但是在长期适应海洋环境的过程中，形成了鱼一样的形态。**猿猴祖先适应了森林环境，才有了今天的猿猴和人类。森林为灵长类发展提供了最佳的条件。**这是因为：

　　第一，森林里有丰富的食物资源，植物量是草原的100~150倍。而且热带森林里气候变化小，当草原旱季来临植被一片枯黄、不少动物因饥饿死去的时候，热带雨林里的猿猴却可以大口咀嚼着甜美的果实。

　　第二，森林里的食物竞争者少。森林里唯一可能和猿猴竞争食物资源的是鸟类。不过猿猴的取食量是鸟类的几十、上百倍，生物量[14]上占有绝对

　　[14] 生物量（*biomass*）是指一条食物链可支持的生物总质量，一个动物或植物物种的活个体的总量或重量，称为物种生物量。

的优势。此外猿猴取食种类很广，包括果实、种子、树叶、树皮、树胶、草籽、昆虫和小型动物等多种食物。生活在树上的哺乳类动物不多，仅松鼠等小型动物都不足以与猿猴竞争。

第三，森林是良好的避难所。豺狗、狼、狮子、鳄鱼等大型食肉动物都不会爬树，不会对猿猴构成威胁。豹子等小型食肉动物会偷袭树上的猿猴，但是这些动物的取食量小，对猿猴整体种群数量影响不大。捕食压力是影响动物生存的最主要因素之一，即使斑马和长颈鹿等大型动物也逃不掉被捕食的命运。然而猿猴则脱离了被捕食的锁链，用之不竭的食物来源和安稳的取食环境则进一步确保了猿猴在森林中的霸主地位。

在适应着复杂、多样和立体的森林环境过程中，猿猴的身体结构也随之出现变化，形成双手、指纹、立体视觉和发达大脑等，同时发展出了独特的跳跃、垂直移动等多种行为模式。如今猿猴是个非常庞大的家族，有600余个种类，适应着各自不同的生活环境。

黑猩猩栖息地（张鹏摄于乌干达）

爱旅游的猴子

猴博士：

您好。我是一只超爱旅游的川金丝猴。我上个月去云南和贵州找过表亲滇金丝猴和黔金丝猴。见到黑白色的表哥滇金丝猴后才知道，原来我们金丝猴家族族人的毛色并不都是金色的。我还见过峨眉山的藏酋猴。他们过着皇帝一样的生活，根本不用四处找吃的，因为每天有一批批的游客会给他们上贡食物。我最大的梦想就是环游地球，见识到所有种类的猴子。您能告诉我在哪里能够找到猴子吗？

"徐霞客"金丝猴

来自陕西秦岭

趁年轻的时候，多出去走走增加阅历是件好事情。你会发现猴子的生活非常多样，有的生活在森林，有的生活在草原，甚至有的生活在雪山之巅。我为你绘制了一幅世界猿猴分布图，送给你当旅游攻略。**图中表明猿猴的生活区域主要在亚洲、非洲、中美洲和南美洲，而欧洲和北美洲是没有猴子的，请不要走错地方了。**去旅游前，要多了解当地的"风土猴情"和地理环境，这样才能玩得更开心。还有，要注意安全。

在国内玩的话，建议你首先去云南，因为这里有着极高的生物多样

金丝猴[15]家族［从左至右：川金丝猴（张鹏摄），滇金丝猴（张鹏摄），贵州金丝猴，越南金丝猴和怒江金丝猴］

[15] 金丝猴（*Rhinopithecus genus*），是我们最熟悉的猿猴之一，国家一级保护动物。又名仰鼻猴，因其鼻孔与面部几乎平行而得名。这一特点是对高原缺氧环境的适应，鼻梁骨的退化有利于减少在稀薄空气中呼吸的阻力。金丝猴体型较大，体长51～83厘米不等，尾长与身长差不多。只有川金丝猴是金黄色的，而黔金丝猴毛色为灰褐色，越南金丝猴和滇金丝猴毛色为黑灰色，怒江金丝猴毛色则为黑色。

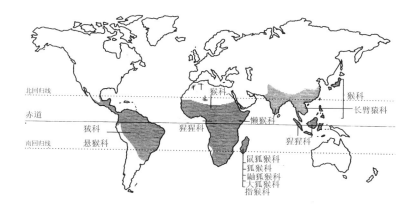

世界猿猴分布地图 。绝大多数灵长类分布在热带和亚热带地区的森林中，而猕猴、金丝猴等少数物种能够适应寒冷环境，分布于温带森林

性，是世界猿猴旅行者们朝圣的地方。中国60%的猿猴种类分布在云南。除了滇金丝猴，还有猕猴、阿萨姆猴、长臂猿、长尾叶猴和蜂猴等15种猴子，生活在从海拔100米到4500米的地区。多样的环境造就了各种不同的"猴风"。

　　说到在亚洲其他地区，你可以选择大陆旅游线或海岛旅游线。在大陆旅游线上，你除了可以感受亚洲各国的自然风景，还可以在泰国或印度感受一下佛教徒对猿猴的崇拜。那里的长尾叶猴和猕猴经常大摇大摆地过马路，随意挑选菜市场的水果，人们也不会驱赶，反而会鼓掌欢送他们。这才叫人与自然的超级和谐的社会！

　　在亚洲海岛旅游线上，你可以欣赏沙滩和红树林的美景，也可以见识猩猩等那里特有的猿猴种类。**猩猩是亚洲唯一的大型类人猿**，马来西亚的当地人把他们叫作"森林人"。此外，你还可以见到地球上最牛的杀手——隐居在菲律宾丛林中的眼镜猴。眼镜猴虽然其貌不扬，但是在世界动物杀手排行

眼镜猴[16]（Watanabe Kunio 摄于菲律宾）

赤猴[17]（张鹏摄于乌干达）

[16] 眼镜猴（*Tarsius* spp.）也称跗猴，有一双超大的眼睛，非常喜人。眼镜猴是世界上体型最小的灵长类动物之一，身长只有9~16厘米。生活在菲律宾的热带丛林中，属于濒危动物。

[17] 赤猴（*Erythrocebus patas*）是奔跑速度最快的猿猴，居住在非洲热带草原和半沙漠地区。雄性体重约13公斤，雌性在5~7公斤之间。因毛色像金丝猴，所以赤猴又有"非洲金丝猴"之称。

榜上，一直排在前十名，超过狮子和鳄鱼等著名杀手。他有什么绝技呢？你去看看就知道了。

非洲的猿猴种类也不少，但是那里的民风彪悍，游客们需要注意安全。去热带雨林拜访发明家黑猩猩是你不能漏下的计划。但是你要注意，黑猩猩很残忍，喜欢捕食小鹿和猴子等小动物，附近80%的红绿疣猴都死在黑猩猩手里。安全第一，建议你一定要跟团行动，不要随意单独外出。非洲还有很多奇特的猿猴。例如，赤猴是最善于奔跑的猿猴，时速可高达50公

亚马孙狨[18]（张鹏摄于日本猿猴中心）

[18] 亚马孙狨（*Callithrix humeralifer*）生活在南美洲亚马孙河流域的森林中，是世界上最小的猴子之一，身高仅10~12厘米，重80~100克。注意看它们的鼻孔是朝两边开口的，这与欧亚大陆的猿猴不同。

里。在大草原上开车追踪赤猴是非常受游客们喜欢的节目。毫不夸张地说，你开车未必能跟得上赤猴。另外，你如果有时间，就去趟马达加斯加岛吧，那里是猿猴历史博物馆。你将一眼望尽猿猴6000多万年的进化历程。

中美洲和南美洲有着世界上面积最大的热带雨林，葱郁神秘，至今没有人知道共有多少种猿猴生活在里面。去那里旅游除了要准备蚊虫蛇药，还要保护好你的鼻子。由于长期的隔离，中南美洲猿猴的鼻孔开口向两边（像

　进化与分类

牛的鼻子），与亚非大陆猿猴鼻孔开口朝下（例如人类的鼻子）明显不同（详见1.2 我是谁）。那里的猴子们会对远方来客非常好奇，喜欢摆弄游客的鼻子，之前的一些猴子游客就因此被搞伤了鼻子。你们金丝猴又叫仰鼻猴（没有鼻梁的猴子），更会引起当地居民的围观或触摸，建议你保护好自己的鼻子。

　　这些奇特的中南美洲猿猴来自哪里仍然是一个谜。从化石来看，在渐新世前半期（3000多万年前），地球变冷、海平面下降，两大陆之间距离缩短。古代猿猴可能通过乘坐流木等方式进入南美。但是欧亚大陆与南美两大陆之间至少有800公里的距离，流木漂流时间最快也要1周，在此期间动物们如何保证水和食物补给仍是一个未解的问题。你可以实地考察一下这个问题。

　　目前仍然没有开通欧美线路，是因为那里没有野生猿猴。叟猴曾是唯一生活在欧洲的种类，但是由于寒冷和植被变化，叟猴在几十万年前从欧洲消失了。现在欧洲南部的叟猴是后来人为从非洲摩洛哥迁移过来的种群。至于北美洲，那里唯一的灵长类是人类，估计你是不会感兴趣的。

　　最后，告诉你个好消息。2011年，人们在中缅交界的森林里发现了怒江金丝猴，全身通黑，是你们金丝猴家族的一个全新种类。怒江金丝猴非常珍稀，估计目前种群数量不到500只。中国灵长类专家组正在组织探险队前往调查，你不妨报名参加去看看你的表亲。

猿猴家书

[19] 大猩猩（*Gorilla gorilla*）是现存最大的灵长类动物，也是除了两种黑猩猩外和人类最接近的动物。有三个亚种：低地大猩猩、高山大猩猩和中非平原大猩猩，主要分布于非洲的喀麦隆、加蓬、几内亚、刚果、扎伊尔、乌干达等地。大猩猩身高可达1.7米左右，体重近300公斤，素食动物，性格温顺。由于人为捕杀和环境破坏等原因，大猩猩濒临灭绝。

怎样分辨真假猿猴?

猴博士:

您好。我是一只大猩猩,住在广州香江野生动物园。有人说我高傲,其实不是。我只是非常讨厌世俗、没节操的做法。我很看不惯公园里的猕猴,因为他们毫无廉耻地向游客讨要食物,太没节操了。不过,我最讨厌刚搬来的那些"四不像"。他们号称自己是环尾狐猴,而实际上可能是一群"披着猴皮的狐狸"。他们不仅是一副尖嘴猴腮的样子,而且奇臭无比,熏死我了。请您转告管理员,把这些"狡猾的狐狸"赶走。

> 一只快被狐臭熏晕倒的大猩猩
>
> 来自广州香江野生动物园

大猩猩[19](Matsubara miki摄于荷兰阿姆斯特丹动物园)

环尾狐猴[20]与笔者（石井摄于日本小豆岛）

　　我很同情你的处境。作为大型类人猿，你的确应该有更好的生活条件。不过，你的新邻居们的确是一群环尾狐猴，也的确是一种猿猴。他们是一种原始的猴子，长得比较诡异，分布于非洲马达加斯加岛。狐猴的视觉不好，主要靠这些气味来交流。他们身上散发的臭味可能熏到你了，但是这种味道有利于狐猴之间标记领地和吸引异性，是他们重要的交流手段。这些气味主要出现在交配季节，其他季节味道会轻一些。大家都是灵长类，希望你能够理解和容忍你的新邻居。

　　分辨猿猴的确需要专业知识。我们以往习惯于将动物按照特点分类。例如：翼手目都有蝙蝠一样的皮质膜翅；啮齿类都有不停生长的牙齿；偶蹄目都有像羊一样的两个（或四个）脚趾；奇蹄目都有像马一样的一个（或三个）脚趾。然而，灵长类有六百多个种类，形态多样，很难用一个共同的特征来概括。之前有村民来信，说差点把懒猴当果子狸处理了（详见1.3 好奇异的果子狸）。下面，我教你几个识别灵长类的技巧，以后你自己就会判断了。

1. 要看有没有手掌和脚掌

　　与大多数哺乳动物不同，灵长类主要栖息在树上，需要具备抓握树枝

[20] 环尾狐猴（*Lemur catta*） 又名节尾狐猴，因其面部似狐，尾有环节而得名。属于原猴类，分布于非洲马达加斯加岛南部和西部的干燥森林中，生活在疏林裸岩地带。主食昆虫、水果，有时也吃鸟蛋甚至幼鸟。群居，地栖，日行性，善攀爬、跳跃，具领域行为。在IUCN红色名录内被列入"易危"级别，即在中期内可能有比较高的灭绝危险，禁止在国际间交易。

日本猴的手

（张鹏摄于日本地狱谷猿猴公园）

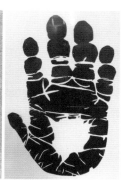

大猩猩的掌印

（张鹏摄于日本猿猴中心）

灵长类有位于胸部的一对乳房

（猕猴，张鹏摄于海南南湾猴岛）

的能力。虽然用爪子也可以爬树，但是爪子承重能力较差。在频繁抓握的实践中，**猿猴的拇指远离其他四指，与其他四指对立，这样就提高了抓握树枝的能力，更是大大提高了手掌抓握物体的准确度，形成了其他动物无法做到的精密抓握行为**。例如，猴子可以将麦粒从沙堆里一颗一颗拣出，将毛发里的虱子捡出，或用手制造和使用工具。具有灵巧的双手也是我们制造和使用工具的前提之一。

2. 要看有没有指甲和指纹

除了少数种类保留了爪子，大多数猿猴都有指甲，并且出现了指纹（详见2.4猴子的指纹有什么用）。**指甲和指纹的出现增强了猿猴的触觉和抓握树枝的能力，也是他们适应树栖生活的结果**。原猴类的大多数种类都具有指甲和指纹，只有狐猴和懒猴等少数种类的个别手指上仍保留着爪子的原始痕迹。随后出现的高等灵长类都有指甲和指纹，这也是区别灵长类和其他哺乳类动物的重要标志之一。

3. 要看胸部是否有一对乳房

灵长类一般有两个乳房，位于胸部。而很多其他哺乳类都有多对乳房

（例如猫、狗等），虽然牛、羊等动物是一对乳房的，但是位于鼠蹊部。此外，所有灵长类都有锁骨，这增加了肩关节和活动范围，而其他哺乳类都没有锁骨。雄性灵长类的外生殖器悬垂在体外，而不是像其他动物位于腹部或隐藏在腹部里面。

4. 要看有几副牙齿

灵长类都有2套牙齿，第一副是可以脱落的幼齿，第二副是一生不变的恒齿。和人类一样，多数高等灵长类有32颗牙齿，包括8颗门齿，4颗犬齿，8颗前臼齿，12颗后臼齿。食物经过牙齿咀嚼进入消化道。灵长类都有盲肠，位于小肠和结肠之间。盲肠里生活着可以酵解植物纤维的细菌，所以灵长类的食谱中增加了树叶、树枝、草叶等植物性食物，这是对森林环境的适应。而人类盲肠退化缩小，不能像其他灵长类那样吃植物或叶片组织。

5. 要看眼睛是否在前方

猿猴和人类的眼睛并列在面部前方，增加了视野交叉面积和立体视觉能力。这样的结构有利于灵长类在树枝间穿梭，测量树枝间距离和瞄准目标。金丝猴在逃避敌害的时候，一跃数十米，准确地抓握到对面随风摇曳的树枝。这种令人惊叹的跳跃移动足以体现灵长类高度发达的立体视觉能力。由于视觉对灵长类很重要，所以他们的头骨上形成了眼眶。

另外，**色觉的出现也是灵长类的一个飞跃性变化**。像猫和狗以及大多

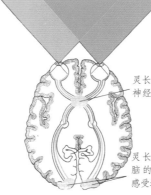

灵长类大脑视觉感受神经交叉点

灵长类大脑的视觉感受域

两眼前视，立体视觉（图片资料来源 Swindler DR. *Introduction to the Primates*. 1998. University of Washington Press.）

金丝猴跳跃与立体视觉（张鹏摄于秦岭）

数哺乳类动物一般都没有识别色彩的能力，而灵长类则普遍具有色觉，可以分辨未熟果实和成熟果实的颜色。色觉的出现可能与森林中立体的生活环境有关，例如鸟和鱼也生活在森林和海洋等立体的环境中，也具有分辨色彩的能力。形成色觉和立体视觉也是人类获得审美意识的前提条件。

6. 要看是否聪明

灵长类视觉系统越来越发达，直接刺激了大脑增长（详见第七章智能与心理）。灵长类大脑的端脑新皮层[21]明显比其他哺乳类发达。由于猿猴具有发达的新脑部，有较高的学习和获取经验知识的能力，所以每一只猴子都有各自的性格。脑化现象[22]是随后人类形成家庭、语言和文化的前提条件。

你的邻居环尾狐猴具有上述六点特征，所以是一种猿猴。

[21] 新皮层是由端脑泡的假分层上皮演发而成。在人的大脑半球上方，是具有六层结构的新皮层，它占据成年人整个大脑皮层表面的94%，也被称为均匀皮层。

[22] 脑化现象：指进化过程中，脑特别是大脑的容积增加、形状发生变化，机能也显著提高的现象。也称大脑化。

为什么说黑猩猩与人是近亲？

猴博士：

您好。虽然很多进化论学者说黑猩猩和人类是近亲，但是作为一只黑猩猩，我无法相信这个说法。每天有很多游客经过我的窗前。他们看着我，我也看着他们。我和对面的游客长得并不像，但是为什么他们仍然相信我与人类是近亲呢？

质疑达尔文进化论的黑猩猩

来自广州香江野生动物园

关于人类起源的解释不一而同，争论不断。有人认为"人类来自于《圣经》中的伊甸园"，有人认为"人类是外星人的后代"，当然更多的人认为"人类起源于某种猿猴"。在目前的解释中，**进化论具有更强的实证性，可以通过对大量人骨化石和现生猿猴进行研究来求证。类人猿与人近缘已经是常识性的知识了。**

面对黑猩猩，我们看到了熟悉的形态、手，以及表情。我们直觉上感受到相互间的亲近感。黑猩猩是人科中最小的现存种类，与人类体重接近。齿式也与人类相同。但是黑猩猩全身的黑色短毛和灰褐色面部，却与我们明显不同。

外表差异并不是最重要的，关键是要看人与类人猿的内在差异有多少。猩猩、大猩猩、黑猩猩和倭黑猩猩被称为大型类人猿。他们脑容量较大，是智能最接近人的动物，在形态、解剖、行为、心理、发育等各方面也与人类非常接近。他们有丰富的感情世界，和人类一样会为死亡感到悲伤，会慰问死者的兄弟；有自我意识，知道镜子有自己的映像；甚至懂得设身处地揣测其他个体的想法，并据此做出自己的决策。实验室里的黑猩猩可以熟

黑猩猩与人（张鹏摄于广州香江野生动物园）　大片森林被砍伐，用于培育香菇（张鹏摄于秦岭）

练掌握阿拉伯数字，还能使用电脑键盘输入文字。在记忆数字方面，黑猩猩的记忆能力甚至超过大学生（详见7.1、7.2怎样学好一门语言）。这些都反映了黑猩猩和人是姐妹物种。

人类与黑猩猩属（黑猩猩和倭黑猩猩）的基因相似度高达98.7%。其次是大猩猩，他与人类和黑猩猩的基因相似度达97.7%。猩猩与人类的距离相对较远，他与其他大型类人猿的基因相似度为96.4%。**这些数字表明人类与其他大型类人猿是同宗同源的近亲种类。**

你我之间存在1.6%的差异，差之毫厘，失之千里，这会使我们成为不同的种类。重要的是，在形成这一差异的几百万年中，人类最先经历了直立行走、形成语言、形成家庭、使用火、制造和使用复杂的工具及大脑化等一系列进化过程，最终成为地球的霸主。如今人类的种群极度膨胀，分布范围遍及除南极洲以外的所有陆地，数量超过70亿。**人类对自然界资源的掠夺和环境破坏，导致半数以上的猿猴物种面临灭绝，照这样继续下去，人类将不会有"伙伴"。** 如何保护生态，挽救生物圈，已经是迫在眉睫的问题了。

[小知识]

禁止任何对黑猩猩的伤害性实验!

与人近缘对于黑猩猩而言并不是好消息。由于黑猩猩的生理、大脑活动等方面与人类接近，常常被用于医学和心理学研究，甚至代替人类测试新药的毒副作用。由于人类非法捕猎、破坏原始森林等行为的影响，黑猩猩的种群数量在过去20年里减少过半。以这个速度发展下去，30年后地球上不会再有野生的黑猩猩。《华盛顿国际公约》已经明确规定，任何对黑猩猩进行的药物毒理试验等伤害性操作都是违法行为。

黑猩猩被迫做医学实验（图片资料来源 Michael Nicholas, Jane Goodall. *Brutal Kinship*. 1999. C & Coffsetprinting Co. Ltd. Hongkong.）

动物园里的猴子为什么没有进化成人？

猴博士：

您好。我是一只黑猩猩。经常听游客给他们的孩子讲"这就是黑猩
猩，人就是他们进化的呀"。很多游客问："动物园里的猴子为什么没有
进化成人？"这些话听多了，我也开始纳闷。我们真的要进化成人吗？

聪明的黑猩猩

来自几内亚

很多人误以为"人是黑猩猩进化来的"，而实际上**人与黑猩猩是姐妹**
物种，来自于同一个已经灭绝的古猿祖先。两者同根同源，就像树枝中的两
个分叉，有着各自独立的进化方向。

类人猿的进化过程是这
样的：约2500万年前猿猴祖
先分离形成猴科和类人猿，
1800万年前类人猿祖先分离
形成长臂猿科和人科，700
万年前非洲人科祖先分离形
成大猩猩、黑猩猩属与人类
的共同祖先，随后600万年
前共同祖先分离形成黑猩猩
属与人属，从此出现人类。
人类先后经历南方古猿、能
人、直立人和智人等主要进
化阶段，最后形成我们现代
人。同样的600万年里，黑
猩猩的祖先演变出了黑猩猩

黑猩猩（张鹏摄于日本猿猴中心）

和倭黑猩猩两个种类（约在250万年前分离）。

人类并不是进化的完成品，也不是其他物种努力追求的进化目标。生物有几十亿年的进化历史，脊椎动物出现在约5亿年前，最早像鱼类一样在水中生活。其中一些种类适应了陆地生活，形成爬行类、哺乳类，出现了诸如蛇、鳄鱼、犀牛和鲸鱼等多种动物。他们适应各自的生息环境，不需要类似于人类的形态。如果这些物种具有人类的样子，可能反而不适应周边的生态环境，活不到现在。

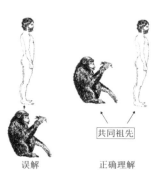

黑猩猩与人类的进化关系
（张鹏制图）

地球上每个物种都有各自的进化历史，适应各自的生活环境。他们在人类出现之前就在进化，现在仍在进化，如不灭绝的话他们会继续进化下去。**所以，动物与人类向着各自的方向同时进化着，不存在一个物种追随另一个物种进化的现象。**黑猩猩与人类相似，很大程度上由于我们来自于共同的祖先。黑猩猩没有从人类那里学来相似的形态、生理结构和行为，而是与人类一样从共同祖先那里继承下来的。你可以说黑猩猩很像人，也可以说人很像黑猩猩。

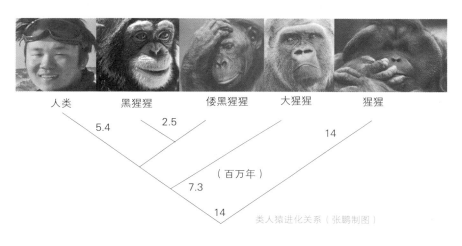

类人猿进化关系（张鹏制图）

进化与分类

"进化"不等于"进步"

仍有很多人会担心《人猿星球》的故事将来会成为现实，黑猩猩在未来的某一天进化成人，取代人类成为新的星球统治者。而这种想法是不切实际的，是典型的将"进化"与"进步"混为一谈的想法，误以为动物只要锲而不舍地努力，就一定会进化成希望的样子，就好像长颈鹿的长脖子，是因为坚持每天努力伸长脖子的结果一样。

"进化"并不等于"进步"。进化是没有方向性的，甚至可能包括"退步"，例如人退化的双脚、蛇退化的四肢等。达尔文的《物种起源》（1859）提出的进化理论其中包括三个基础框架：1. 所有物种有不同的特点；2. 子女遗传父母的特点；3. 由于这些特点，有些个体比其他个体更容易存活，并产生更多后代。

进化过程不是基于个体需求，而是基于随机的基因突变。有利于环境的特点使个体更好地存活，并产生更多后代。经过很多代的选择和淘汰才能够稳定成种群的特性。简单来说，进化不是个体如何努力改变自己的特性，而取决于个体成功生育后代的数量。

人为什么要直立行走？

猴博士：

您好。我是一只日本猴。我的一个人类朋友被汽车撞断了腿。她现在连爬楼梯都很困难，刚刚又丢掉了工作，整个人变得很抑郁。失去双腿几乎毁掉了她的人生。实际上，我也有一些残疾的猴子朋友，他们即使失去一条腿，也可以用其他三个手（脚）移动和爬山，基本没有行动障碍。我一直觉得四足步行挺好，几乎所有动物都采用这种移动方式，但是人类为什么偏偏只用两条腿走路呢？好奇怪。

可以直立的日本猴

来自日本屋久岛

我很欣赏你们的乐观生活态度，也希望你的人类朋友能够面对现实，改变一种心情生活。

灵长类有很多样的移动模式，除了四足步行以外，还有垂直跳跃（狐猴等）、悬垂移动（长臂猿）、手指节移动（黑猩猩等）和直立行走（人类）等。每个物种的移动模式都是长期进化的结果。直立行走是人类区别于其他动物的重要标志之一，但也是人类进化史上最大的谜团，因为直立行走不仅容易出现行走障碍，甚至会危害身体的健康。

日本猴（张鹏摄于日本屋久岛）

灵长类多样的移动方式 （图片资料来源Swindler DR. *Introduction to the Primates*. 1998. University of Washington Press. p159）

直立行走导致腰痛

哺乳类的背部是经过一亿年进化而来的完美设计。四肢踏地，脊柱与地面平行，像拱桥一样将内脏的重量平均分散在长长的脊骨上，使脊椎关节受力均匀（见下页身体重心分布图）。但是人类直立行走以后，丧失了这些优点，身体重量压在每一节椎骨上，整个脊柱变成S形，有的地方压强甚至达到300公斤每平方厘米，其受力就像被穿着极细高跟鞋的人踩了脚面一样。人类直立行走后明显加剧了腰部疲劳的负担。

椎骨成为人体磨损最严重的骨骼，可能导致椎骨间膜破损，引发椎间盘突出等急性症状和压迫神经引起疼痛。医生对腰痛患者最常见的建议就是练习单杠，模拟长臂猿的悬垂移动，形成反作用力使椎间盘压力减少。悬垂移动时身体也是和地面垂直的，不过胳膊将身体向上拉，对椎骨的压力和磨损都很少。

直立行走导致疝气

猿猴的心脏和肺被肋骨包裹在胸腔内，消化道等被脊柱和韧带包裹在腹腔内，很少出现体内器官（与腹膜）经腹壁向体表突出的现象（疝气）。而人类直立行走以后，内脏重力方向变化，压向大腿方向，尤其是在咳嗽、排

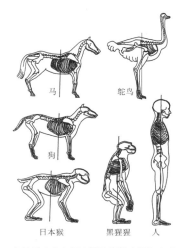

身体重心分布图（图片资料来源Swindler DR. *Introduction to the Primates*.1998. University of Washington Press. p222）

人与猕猴不同的行走方式（林娜摄于日本长野省）

便、喷嚏和妇女生产时，腹腔内压增加，导致肠子、卵巢等器官突出到体腔外，形成疝气。即使我们的身体尝试修复，进化形成三块腹部肌肉交叉支持内脏，但是鼠蹊部[23]的腔孔仍未得到肌肉保护。疝气会引起消化系统、分泌系统和生殖系统疾病，是直立行走导致的结果。

直立行走导致静脉瘤

猿猴很少有静脉瘤的问题，因为四足爬行时身体与地面平行，静脉血液平行流动，可以顺利返回心脏。四肢静脉中的血液受重力影响较多，还好四肢静脉中分布有很多的幽门，可以有效防止血液逆流。而人类直立行走后，身体大量血流垂直移动，腿和心脏的垂直距离增加一倍，加重了静脉和幽门的负担，长期压迫静脉引起静脉瘤。尤其是怀孕期间，胎儿重量也压在骨盆的大血管，静脉血难以回到心脏，导致很多孕妇出现静脉瘤。

由于人类肛门附近没有幽门，静脉血管易受压迫，引起直肠与肛门的静脉瘤，又称痔疮。其他哺乳类肛门一般比心脏高，不会出现痔疮。所谓

[23] 鼠蹊部指的是下腹部与双侧下肢连接的部位，即我们常说的腹股沟。这个区域有非常重要的髂外动脉、髂外静脉及股神经通过。

狩猎假说[左]和桑族女性的采集食物活动[右]（图片资料来源 Boyd R, Silk JB. *How Human Evolved*. 2009. London: Norton & Company New York. p201. p223）

十人九痔也是直立行走带来的负面影响。

既然直立行走可能会带来很多消极后果，那么人类祖先为什么偏偏选择了这一奇特的移动方式呢？目前这个问题还没有明确答案，下面是一些可能的解释：

肉食促进了直立行走

有一种观点认为，人类祖先进入草原后必须通过狩猎获取食物，从而解放双手制作更好的武器。然而，考古发现南方古猿没有尖牙利齿，不具备肉食动物特征，且其头盖骨上出现被豹子啃咬的痕迹，说明人类祖先初期并不是捕食者，而是被其他食肉类捕食的对象。随后少女露西[24]的化石彻底推翻了狩猎假说，说明直立行走出现在大脑扩大和制造武器之前。

草食促进了直立行走

人类祖先的牙齿接近于素食性种类，所以有人认为腾开双手是为了采

[24] 露西（Lucy）是1974年在埃塞俄比亚发现的一具阿尔法南方古猿的化石。露西生活的年代是320万年之前，被认为是第一个直立行走的人类，被称为人类的祖母。

食稻科植物种子或植物地下根。但是狮尾狒狒每天花费70％的活动时间取食大量种子，却没有直立行走进行取食，而是持续坐着取食。长臂猿和狐猴等很多取食种子的种类也没有采用直立行走进行取食。所以很多人质疑直立行走与取食种子是否存在必然联系。

搬运促进了直立行走

人类祖先是一夫一妻的，丈夫外出狩猎，妻子在家育子。直立行走有利于搬运猎物等更多食物回家。但是，很多猿猴都会狩猎，之后就地取食，很少搬运食物。即使一夫一妻的长臂猿也没有搬运食物的习惯。而这个解释最大的问题是认为男人去远方狩猎，而女人和孩子在巢穴中等待。实际上草原生活的猿猴很少建立巢穴，都是雌性带着子女和群体一起移动觅食。早期人类定居生活的痕迹都是最近几十万年才出现的事情。

避暑促进了直立行走

还有一种观点认为直立行走是为了回避日光。因为四足爬行的话，体表17％被日照，而直立的话只有7％受日照，因此人类为了减少日光照射而站立。留下头发是为了减少直射保护大脑。问题是类人猿直立行走需要消耗大量的能量，增加体温。另外，草原上生活着很多种动物，都没有直立行走，包括狒狒和赤猴等四足移动灵长类都很好地适应了草原生活。

此外还有很多解释人类选择直立行走的假说，如长距离移动假说认为直立行走可减少能量消耗，因此直立人开始长距离步行移动。趋利避害说认为早期人科成员兼有双足直立行走和攀爬树木的能力，可以有效地避免其他肉食动物的袭击。**虽然我们仍未找到定论，但是直立行走作为一种特殊的移动模式，应该是在适应草原生活中逐渐形成的。**

人类是怎样出现的?

猴博士:

您好。如果人与类人猿是姐妹物种，那么我们的外表应该类似，或者说我们都会继承祖先的特点。但是大型类人猿（猩猩、大猩猩、黑猩猩和倭黑猩猩）都有相似的外形，唯有人类与我们明显不同。人类为什么和类人猿如此不同？人类是如何进化的呢？

长得不像人的倭黑猩猩

来自刚果共和国

与其他类人猿相比，人类的外表的确很奇特：全身裸露无毛、双脚退化、脖子和双腿修长等。在过去600万年里，人类祖先经历了什么？随着大量化石和分子生物证据的出现，答案逐渐清晰。虽然学术界仍然对一些化石物种的分类位置存在争议，但是已经一致认为**人类经历了南方古猿、能人、直立人和智人四个主要阶段**。下面我扼要介绍一下，你就清楚人类是如何一步步演变的了。

人猿分化期的南方古猿

南方古猿是最早的人类。生活在距今420多万年前到100万年前之间。

我们是亲缘，但为何有如此不同的外表（张鹏制图）

南方古猿，生活在距今420多万年前到100万年前之间（张鹏制图）

能人，生活在距今200万年前至150万年前（张鹏制图）

直立人，生活于距今约170万年前到20余万年前（张鹏制图）

尼安德特人，出现在距今2.5万~2.8万年前（张鹏制图）

克罗马农人，属晚期智人，出现在距今3万~2万年前（张鹏制图）

　　"汤恩小孩"是目前已知最早的南方古猿之一，是1924年达特在南非开普省的汤恩采石场发现的一个古代灵长类5~6岁的幼儿化石。这个标本的年代应该是250万年，是猿与人之间类型的南方古猿非洲种。这个化石当时引起了人类学界的激烈争论，因为那时的大多数人类学家都认为发达的大脑才是人的标志，而这个化石的脑部明显太小了。随后，在南非以及非洲的其他地区，人类学家又发现数以百计的猿人化石。经多方面的研究，直到20世纪60年代以后，人们才逐渐一致肯定南方古猿是人类进化系统上最初阶段的化石。

汤恩小孩（张鹏摄于日本京都大学）

少女露西。南方古猿阿尔法种，生活于距今320万年前，20岁左右，脑容量仅400毫升（张鹏摄于日本京都大学）

进化与分类

南方古猿已经可以直立行走
（获得Arthursclipart.org许可
使用）

目前已确定七种南方古猿，被分为纤细型南方古猿和粗壮型南方古猿两个大类。纤细型南方古猿身高在1.2米左右，颅骨比较光滑，没有矢状突起，眉弓明显突出，面骨比较小，可能是杂食性的，包括南方古猿湖畔种、南方古猿阿尔法种、南方古猿非洲种和南方古猿惊奇种四个种类。粗壮型南方古猿身高约1.5米，颅骨有明显的矢状脊，面骨相对较大，可能是素食性的，包括南方古猿埃塞俄比亚种、南方古猿粗壮种和南方古猿鲍氏种三个种类。一般认为，粗壮型在距今大约100万年前灭绝了，而纤细型进一步演化成了能人。虽然他们被称为猿，但实际上已经能直立行走了，属于人类成员。

发明家：能人

能人即能够制造工具的人，生活于距今200万至150万年前。与南方古猿相比，能人的脑容量较大、后牙尺寸较小、精确抓握能力较强。例如南方古猿的平均脑容量为469毫升，能人的脑容量增大到610毫升。能人脑形态、颅骨和趾骨等结构与现代人相似，牙齿尺寸介于大多数南方古猿和现代人之间，平均体重约为37.1公斤。

20世纪60年代，路易斯·利基等人类学家在东非坦桑尼亚特卡纳湖畔寻找标本，发现一个距今约175万年前的男孩标本，男孩年龄在12~13岁，脑容量约为590~710毫升。随后他们又发现一个距今约166万年前的女性标本，年龄在15~16岁，脑容量约500毫升。除了能人化石，一同被发现的还有石器。这些石器包括可以割破兽皮的石片，带刃的砍砸器和可以敲碎骨骼的石锤，这些都属于屠宰工具。能人有明显比南方古猿发达的脑，并能以石块为材料制造工具（石器），以后逐渐演化成直立人。然而能人是通过狩猎的方法，还是通过寻找尸体来获得肉食呢？能人脑容量的增加与制

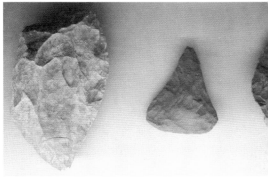

能人（获得Arthursclipart.org许可使用）　　能人制作的石锤　（实物采自于肯尼亚，摄于日本京都大学）

造石器之间存在什么关系？这些都是需要进一步研究的问题。

　　1972年理查德·利基[25]在肯尼亚发现两个180万年前的人类化石，脑容量为775毫升，明显大于能人。这个化石的大脑前叶结构与能人差异明显，而更接近于现代人。随着新化石材料不断发现，人类学家感到很难将那些具有更大脑容量以及有明显面部牙齿区别的化石归为能人，因此他们建议建立新种，即从能人中分化出鲁道夫人，鲁道夫人虽然也存在很多较原始的颅骨和牙齿特征，但是有较发达的大脑前叶。目前关于是否将鲁道夫人独立出来还存在着争论。

[25]　理查德·利基（Richard Leakey，1944~）是肯尼亚博物馆馆长，世界著名的古人类学家。长期以来，他一直在东非从事研究工作。1972年以来，利基在东非发现了一具掩埋了近180万年的头骨和160万年前的男孩骨骼，是20世纪古人类学最重要的发现之一。著有《人类的起源》、《人类的创造》以及《第六次毁灭：生命的典范与人类的未来》等人类学名著。其父母路易斯·利基（1903~1972）和玛丽·利基（1913~1996），及其妻子米薇·利基均是考古人类学家，被称为"古人类学研究第一家族"。

英格兰50万年前

格鲁吉亚 170万年前

西班牙78万年前

以色列150万年前

中国190万年前

肯尼亚190万年前 到160万年前

坦桑尼亚180万年前 到120万年前

爪哇岛180万年前

直立人（获得Arthursclipart.org许可使用）　　直立人走出非洲（获得Arthursclipart.org许可使用）

离开非洲：直立人

直立人又称直立猿人，生活于距今约170万年前到20余万年前。1891年比利时人类学家欧仁·杜布瓦（Eugene Dubois）在印度尼西亚的爪哇岛首次发现爪哇猿人化石，当时曾被认为是类人猿的化石。直到20世纪20年代，北京周口店陆续出土北京人化石和石器，才确立了直立人在人类演化史上的地位。

直立人平均脑容量为900毫升，晚期直立人脑容量达到1200毫升，婴儿出生时脑容量则是成年人的1/3，这些特点与现代人相似。研究者据此推测直立人婴儿出生后无自主能力，形成了与现代人相似的母婴关系。直立人制造和使用工具的能力进一步加强，例如北京人已经具有控制火的能力。

就化石分布来看，人类第一次走出非洲是在直立人阶段。研究者在非洲、亚洲和欧洲等地都发现了他们的标本。目前亚洲发现的直立人化石主要集中在我国、印度尼西亚和印度，例如我国的元谋人、蓝田人、北京人、和县人、汤山人、郧县人、南召人、郧西人、建始人、洛南人、淅川人和印度尼西亚的爪哇人、印度的那马达人等。在从非洲向欧亚大陆迅速迁移和扩张的过程中，直立人经历了生存环境的变化，进而可能导致体质特征和行为模式等方面的明显变化。

猿
猴
家
书

尼安德特人开始埋葬文化（张鹏摄于日本小世界博物馆）

新人类：早期智人

早期智人又叫古人，可能最早出现在距今25万年前到20万年前。 传统观点认为早期智人是由直立人形成，但是近年来很多学者认为直立人和智人生存年代重合，两者可能是并行演化的。早期智人化石出现于亚洲、欧洲和非洲，他们的脑容量和四肢形态与现代人相似，但是颅骨形态较原始，牙齿明显大于现代人。早期智人制造和使用工具的能力进一步提高，例如我国丁村人[26]会制造手镐、手斧和薄刃斧等重型石器。尼安德特人[27]被发现是最早有埋葬死者行为的人类成员，表明他们已经具有超自然的信仰。

新新人类：晚期智人

晚期智人包括现代人的直系祖先（解剖学意义上的现代人）和现代

[26] 丁村人是发现于中国山西襄汾县丁村的早期智人化石，距今20多万年，属于晚更新世早期的旧石器时代遗存。

[27] 尼安德特人（*Homo neanderthalensis*），简称尼人。因发现于德国尼安德特河谷的人类化石而得名。尼安德特人是现代欧洲人祖先的近亲，从20万年前开始，他们统治着整个欧洲和亚洲西部，但在2.8万年前，这些古人类却突然消失了。

人，是在距今约10万年前进化形成的。现代人成功适应了不同纬度的巨大气候差异，足迹遍及地球上除南极以外的所有陆地和岛屿。

解剖学上的现代人是指距今1万年以前的现代人，体质特征与现代人基本一致，具有无限的创造力和艺术美感。晚期智人的身体特征和脑容量等都与现代人比较一致。例如欧洲的克罗马农人生活在距今3.2万年前到3万年前，脑容量1600毫升左右；以色列的斯虎尔人[28]生活在4.5万年前，脑容量为1450~1518毫升；南非边界洞人生活在10万年前左右，脑容量为1450~1507毫升；埃塞俄比亚的长者智人生活在16万年前到15.4万年前，脑容量1450毫升；中国山顶洞人生活在3.4万年前到2.7万年前，脑容量为1300~1500毫升。此外科学家在中南美洲和澳大利亚也发现了晚期智人化石。晚期智人出现了原始农业。他们还制作和创造出精致的石制品、精巧的狩猎工具和洞穴壁画等艺术品等。

目前已经确定最早的人类是非洲南方古猿，但埃塞俄比亚的地猿、肯尼亚的千禧人和平面人、中非撒海尔人的分类地位仍未得到确定。这些证据验证了《物种起源》中"可能在非洲曾经存在过几种已经灭绝的人类，与今天的大猩猩和黑猩猩有着紧密关系……了解这两种类人猿有助于了解我们的起源"的论述。

[28] 斯虎尔人，英文Skhul man，是尼安德特人和克罗马农人之间的类型。生活于距今大约4.5万年前。同斯虎尔人一起发现的有燧石工具。伴生动物包括野牛、鬣狗、野驴、河马、犀牛、羚羊、赤鹿和小的猫类。以野牛最多。

猿猴家书

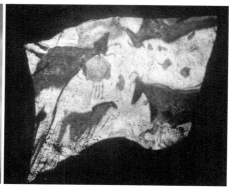

丰乳肥臀的女性崇拜泥偶
（克罗地亚）

智人的壁画（坦桑尼亚）

第二章

身体与健康

人类向往科技进步，探索外太空生命，但是我们仍然对自己了解甚少。我们的身体是女娲用泥捏的，还是用夏娃的肋骨改造的？显然都不是。我们与猿猴和其他生命体一样，都经历着繁殖、成长和衰老的过程。"知人者智，知己者明"，了解自我是人类最大的课题。下面我们通过比较猿猴，了解人类的身体特点及其起源。

谁是最强壮的猿猴?

猴博士:

您好。男大当婚,女大当嫁。我们家族的人都不高,体长只有6厘米,体重只有60克,可以站在人的手掌上,所以我想找一个高大威猛型男子汉。但是那些前来相亲的雄性们都是弱不禁风的小矮子。上一次相亲的时候,男方正在信誓旦旦地吹牛,突然发现一只老鹰飞过,他屁滚尿流地鼠窜而逃,再也没有回来。所以,我决定要嫁给世界上最强壮、最可靠的雄性。您能给我介绍一个吗?

想嫁给"姚明"的倭狐猴

来自马达加斯加岛

你只有6厘米高!莫非你就是传说中世界上最小的猴子——倭狐猴[29]!你不仅小巧,而且是最忠贞的猿猴。因为雌性的阴道口有一块天然的贞节带(阴道皮盖),在不发情的时候,阴道皮盖闭合,可达到天然的避孕效果。

你真是猴小志气大,想嫁给最强壮的雄性。看你的签名是想嫁给姚明,可惜小姚已经结婚了。另外,你可以联系一下美国的焦·米诺克。他也相当威猛,体重635公斤,身高1.85米,是世界上最重的人,听说至今未婚。

[29] 倭狐猴(*Microcebus murinus*)生活在马达加斯加岛沿岸潮湿林地和草丛中。妊娠期两个月,每年可产崽4个,幼猴9个月达到性成熟。

猿猴家书

倭狐猴(Matsubara Miki 摄于东京动物园)

认识自己是人类最大的课题（日本猴，张鹏摄于日本高崎山）

大猩猩（Matsubara Miki 摄于荷兰阿姆斯特丹动物园）

除了人类以外，猿猴里最高大威猛的应该是大猩猩。他们现居于非洲赤道附近的森林中。平均身高达1.7米左右，体重90公斤，在笼养条件下甚至可达310公斤。这可是你体重的500多倍啊！你介意吗？当然外表不是决定性的因素。世界上最轻的墨西哥女性侏儒露西亚·沙拉特成年时只有67厘米高，体重不到5公斤，但她也找了正常身高的男朋友。

如果和大猩猩一起生活，你们需要调整各自的生活习惯。你是个完全肉食主义者，就像其他小型动物种类一样，你的基础代谢率[30]较高，必须吃昆虫等肉食才能满足身体代谢。而大猩猩是个完全素食主义者，因为他们基础代谢率较低，喜欢取食树叶、树枝等植物组织。这些食物虽然相对能量较小，但是分布广泛容易大量获得（详见下页图食性影响灵长类的体型）。此外，你们的孩子如果像爸爸的话，新生儿体重约2千克，哺乳期3~4年，寿命长达50多岁。而你的寿命不到10年。我真担心你怎么养活你们的孩子。

[30]　基础代谢率（BMR）是指机体在清醒而又极端安静的状态下，不受肌肉活动、环境温度、食物及精神紧张等影响时的能量代谢率。

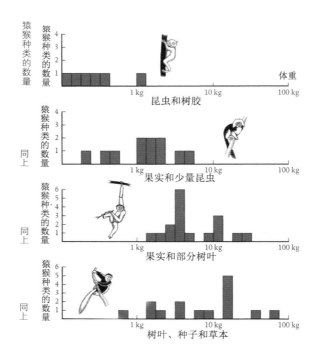

食性影响灵长类的体型。昆虫和树胶食性种类的体重 < 果实性种类的体重 < 素食性种类的体重（张鹏制图）

你有没有想过，为什么大猩猩需要这么大的体型呢？**除了受食物影响，雄性的体型也受性竞争的影响。**在一夫一妻的种类中，所有雄性都有交配机会，性竞争较小，雄性的体型一般和雌性类似。而在一雄多雌种类中，雄性体型增大有利于提高战斗力和获得更多配偶。大猩猩的雄性体重是雌性的2倍，一般会有1~6个配偶。你心目中的英雄未必只有你一个老婆。

婚姻大事，还是谨慎点好。虽然倭狐猴雄性一般比雌性体型小，但是他们处处让着你，把你伺候得像个女王一样。这是否是你想要的幸福，你自己权衡一下吧。

猿猴家书

[31] 猩猩（*Pango pygmaeus*），俗称红毛猩猩，是亚洲唯一的大型类人猿，曾经一度广泛分布在东南亚和中南半岛，现在仅存于婆罗洲和苏门答腊岛热带雨林中，濒临灭绝。他们是世界上最大的树栖哺乳动物，也是繁殖最慢的哺乳动物。每3~6年产一崽，怀孕期约为235~270天。幼崽需要哺乳3年，7~10岁的时候才完全独立。野外的寿命约为35岁，人工条件下约为60岁。

求精致型小男生

猴博士:

您好。最近也有很多人来我们家提亲,都是些有地位有财产的白领,但是没有一个能入我的法眼。光看看他们的相亲照就够我吐一阵子的了。一个个皮肤粗糙,脸肿得像个盆似的,体重超出我1倍多,背后挂着一身又长又脏的红披毛。这些雄性当我爷爷,我都嫌他们长相老气。其实我的要求不高,就是想找个精神一些,身材和我差不多的精致型小男生。您能给我介绍一个吗?

"白富美"猩猩
来自马来西亚婆罗洲

天真的"白富美",请允许我这样称呼你。向你求婚的那些"丑大粗"雄性真的都很优秀。太可惜了,你已经错过了很多好机会。为了不再错失良机,你需要了解一下"性二型性"的概念。

雌性猩猩[31](Ochiai 摄于马来西亚)

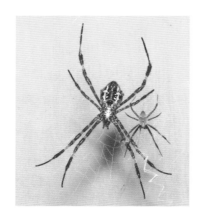

动物的性二型性（左边为雌性
个体，右边为雄性个体）

性二型性是指雌性和雄性出现明显相异性状的现象。 很多动物都存在明显的性二型性。有的种类雄性体型比较大，颜色更绚丽，例如一些鸟类。而有的种类会反过来，雌性体型比雄性的体型大，颜色更绚丽。当然也有些种类的雌性和雄性没有明显的差异，性二型性小。

猩猩是性二型性（雌雄体型等差异）最显著的猿猴之一。未成年雄性的体型比雌性略大。雄性成年以后，体重达到雌性的2倍以上，出现面盘肿胀和背部长被毛等形态特征。同样，长鼻猴、埃及狒狒和大猩猩等也是性二型性明显的种类，雄性体重一般是雌性的1.6~2.2倍。而你所谓的精致型小男生，实际上是未成年雄性，他们没有肿胀面盘等特征，体型也和雌性差不多。他们无法给你和后代提供必需的生活资源和栖息场所。

出现性二型性的原因主要是性选择和捕食压力。

性选择导致性二型性

在同性竞争配偶的过程中，雄性的犬齿越大越有利，可以驱赶竞争者获得更多的雌性配偶；雌性选择攻击力强的雄性，可以繁殖更多的子女，更好地延续基因。这样在雌性选择和雄性竞争的过程中，就产生了明显的性别差异。

成年雄性猩猩（Ochiai 摄于马来西亚）　　　巨大犬齿是雄性金丝猴的制胜法宝（张鹏摄于秦岭）

捕食压力导致性二型性

受捕食压力越大的种类性二型性越大，例如地栖种类一般比树栖种类的性二型性更明显（如埃及狒狒）。灵长类出生时体重差异较小，雌性一般先发育，但是由于育子哺乳过程消耗大量能量而发育停止。雄性比雌性发育晚一些，但是成年后一直持续发育，最终雄性的体型明显大于雌性。这一特点有利于保护配偶和幼崽。

并不是所有猿猴都有明显的性二型性。长臂猿几乎没有性二型性。从体重的性二型性来看，人类和黑猩猩雄雌体型比例分别是1.2和1.3，属于性二型性不明显的种类。人类男女的犬齿差异很小。有人认为这可能与我们使用工具作为武器，不依赖牙齿作为武器有关。但是人类直到距今250万年前，才掌握了制造石器工具的技术。在此之前的漫长时间里，人类男性的犬齿为什么变小了？这仍然是未知的谜。

异性之间存在差异是一种魅力。成年猩猩粗糙的外表里面，是一颗颗细腻的心。你要不要尝试下被人追求的感受？我建议你尽快放弃你的天真想法，认真对待那些提亲的"丑大粗"雄性们。

[32] 埃及狒狒（*Papio hamadryas*），又名阿拉伯狒狒，主要分布在东非红海两岸的半沙漠地带。体型上具有明显的性二型性。雄性平均体重为20~30千克，而雌性平均重10~15千克，仅为雄性的一半。另外，雄性的毛发带银白色，有着醒目的鬃毛。雌性周身长有棕色的毛发，而无鬃毛。形成一雄多雌的繁殖单元，再由若干繁殖单元组成大群。主食草种、植物根茎、水果、昆虫和小型动物。

地栖性的埃及狒狒[32]具有明显的性二型性（左起第二个为成年雄性，其余为成年雌性）

（Mori 摄于日本猿猴中心）

猴子都是五根手指的吗？

猴博士：

您好。猴子不是都有五根手指吗？为什么我只有四根，而且我的父母也是这样。由于没有拇指，我不太会用手指捡东西，也捡不到毛发里的虫卵。这样正常吗？

缺拇指的蛛猴

来自巴西

猿猴都有5根手指（脚趾）。拇指与其他四指相对，可以做到很多精细的抓握动作。只有拇指和其他四指精密配合，才能拣出毛发里微小的污屑、虱子和虱卵等杂物。**灵活的双手是灵长类的特征之一。**

你们蛛猴也是5根手指的，只是拇指退化，表面上看不出来而已。其实你们并不需要拇指，因为你们在树上移动时不需要拇指作用（就像我在单杠上摆动时主要是拇指以外的四指用力一样）；而且你们主要取食树叶，对手指的灵活性要求不高。不同种类的手指结构和功能有明显差异。叶猴、疣猴和长臂猿等种类的拇指也都有不同程度的退化。而懒猴则是食指退化变短，一般用拇指与中指或无名指配合捏东西。南美洲很多猿猴的拇指、食指和中指可以相互分开，既可以用拇指和食指捏东西，也可以食指和中指捏东西。

人类拇指比类人猿的长，虽然减少了部分握力，但是拇指的灵活性和活动范围增加。人类直立行走以后，双臂不需要支撑体重，手的灵活性和使用范围进一步提高，这是人类能够很好使用工具的前提。相对而言，黑猩猩的手比较笨拙，因为其拇指很短其他四指很长，以至于五指不能同时着地。所以他们不能像人类那样用拇指和食指捏物体，而用拇指和食指第一关节处接触和捏捉东西。黑猩猩虽然比猕猴更接近人类，但是由于手部形态的制约，手指的灵活程度似乎不如猕猴和人类。

蛛猴的尾巴非常灵活，末端有像手一样灵敏的触觉，俗称"第五只手"。你有一根令所有猿猴都羡慕的超级灵活的尾巴，那么少一根指头便无关紧要了。

蛛猴

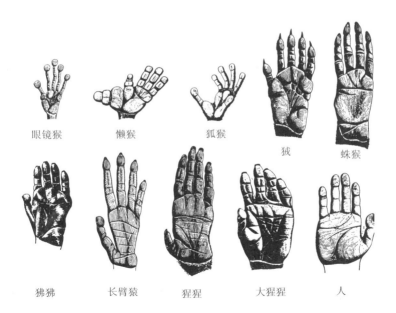

眼镜猴　　　　懒猴　　　　狐猴　　　　狨　　　蛛猴

狒狒　　　长臂猿　　　猩猩　　　大猩猩　　　人　　　　灵长类的手

猴子的指纹有什么用？

猴博士：

您好。听说人的指纹与生俱来，而且全世界找不到两个指纹完全相同的人。有人可以根据指纹的斗（涡纹）和簸箕（流纹）的数量预测人的性格和命运。俗话说："一斗穷二斗富，三斗四斗卖豆腐，五斗六斗开当铺，七斗八斗把官做，九斗十斗享清福。"我的手上也有指纹，我想知道自己什么时候能够坐上群里的第一把交椅。您能帮我算算吗？

相信命运的黑猩猩

来自肯尼亚

我是学生物学的，不相信算命。其实没有人能够算清你的"官运"，要想坐上第一把交易，你需要努力和技巧（详见6.14 猴王是怎么炼成的）。

猿猴都有指纹，而且每个个体（或每个物种）的指纹都不一样。原猴类具有简单的弓线纹，猕猴具有椭圆纹。类人猿和人的指纹更加复杂，形成斗形纹、弓线纹、箕形纹等多种形状。指纹是手指和脚趾表皮上突起的纹线，上面有大量的排汗口和敏感的触觉神经，是早期灵长类适应树栖生活的结果。除了灵长类以外，树袋熊、松鼠等树栖种类也有指纹。

人类不是树栖种类，但是仍然继承了猿猴祖先有指纹的特点，这有利于增强我们手指触觉和认知能力。

056

猿猴家书

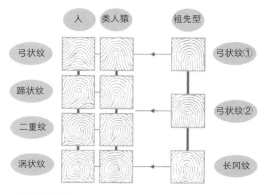

灵长类的指纹

无能的脚趾

猴博士：

您好。造物主是公平的，给了人最高的智能和最灵活的双手，也给了人一双最笨拙的双脚。我们猿猴的脚趾是和手指一样灵活的。而人的脚趾几乎没有抓握能力，退化得相当严重。有些人因为可以用脚趾抓起树枝而沾沾自喜。哈哈，笑死我了。你们的脚为什么这么笨呢？

喜欢用脚趾的猩猩

来自马来西亚

的确，人类的脚趾和手指的灵活程度有天壤之别，人类的脚趾是灵长类中最笨拙的。自从直立行走以后，人类双脚不需要抓握树枝，逐渐退化，仅保留了承担体重的功能。与类人猿相比，人类脚掌左右窄、前后长，形成了坚固的拱形结构（下页左图）。足弓是人类特有的，非常适合长距离的直立行走。虽然初生婴儿没有足弓，但是随着成长的过程逐渐成形，到成年后完全成形。考古证据表明，人类500万年前就开始了直立行走，但是由于足弓结构不完善，可能无法进行长距离的直立行走，直到150万年前直立人形成了完善的足弓形状，才开始真正的长距离直立行走。

正如你来信所说，自然界是公平的。猿猴双脚可以灵活抓握，但是不能长时间支撑全身体重。人类双脚无法抓握，但是有利于长距离的直立行走。

猩猩（Ochiai 摄于马来西亚）

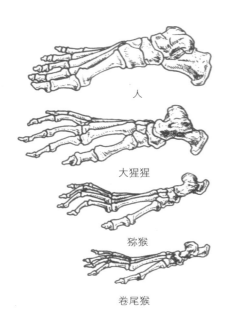

人类足骨特点（图片资料来自杉山幸丸）

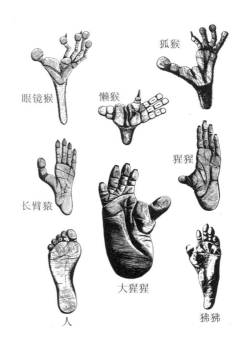

人类的脚趾明显退化

[33] 藏酋猴（*Macaca thibetana*）别名四川短尾猴、藏猕猴、峨眉灵猴，是猕猴属中个头最大的。分布于四川、陕西南部、湖北、云南、广西、江西、贵州、浙江及福建等省区。国外见于印度。平均寿命可达20多岁。尾短，不超过10厘米。

我的尾巴为什么这么短?

猴博士:

您好。我是一只藏酋猴,只有10厘米长的尾巴,根本起不了任何作用。上个月玩耍的时候,我不小心从树上摔下来,把胳膊摔骨折了。医生说:"你们藏酋猴的尾巴不比其他种类的猴子,太短了,起不到平衡的作用。以后上树要小心一点。"金丝猴有着长长的尾巴,卷尾猴的长尾巴甚至可以卷住树枝或抓取食物。不公平啊。我的尾巴为什么这么短?

想要根长尾巴的藏酋猴

来自黄山

你的尾巴的确很短,不过也有它的好处。**短尾巴有利于保持体温,是对寒冷地区的适应特征之一**。寒冷地区生活的藏酋猴和日本猴都是短尾巴,所以你们至少不用担心高寒天气把尾巴冻坏。很多猴子都只有一根象征性的短尾巴,例如原猴类(树熊猴、懒猴和大狐猴)、猴科(山魈、鬼

藏 酋 猴 [33] (张鹏摄于峨眉山)

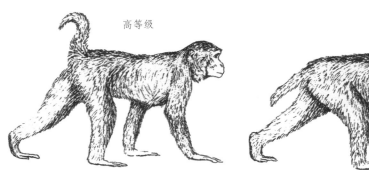

高等级 低等级

（图片资料来源 Daris R. Swindler. *Introduction to the Primates.* 1998. University of Washington Press. ）

魈、臀尾叶猴和黑猴）、新世界猴（秃猴）。狮尾狒的尾巴只有体长的一半，但是可以灵活控制，用尾巴相互交流和展示地位。高等级个体总是将尾巴高高翘起，而低等级个体总是将尾巴垂下来表示屈服（见上图）。

　　金丝猴和叶猴的尾巴长度接近身体长度。这些种类主要生活在森林的中高层，**长尾巴有利于保持身体平衡，方便在树枝上移动和跳跃。**赤猴善于在草原上快速奔跑，也有长尾巴保持身体平衡。不过，长尾巴有时候也会比较碍事，例如红绿疣猴无法控制尾巴的活动，有时会被狩猎者黑猩猩拽着尾巴拖下树去。

　　你信中提到有灵敏触觉的尾巴，这只有在南美狨毛蛛猴、吼猴和卷尾猴身上才能看到。他们的尾巴很敏感，有肌肉的尾端可以表达社会行为或帮助移动取食。例如成年雄性蛛猴会用尾巴和双手分别抓住两棵树的树枝，为幼崽搭桥，协助幼崽从一棵树上移动到另一棵树上。幼崽成功过去以后，他们轻松放下尾巴继续前进。这些种类的尾巴末端一面无毛（除卷尾猴以

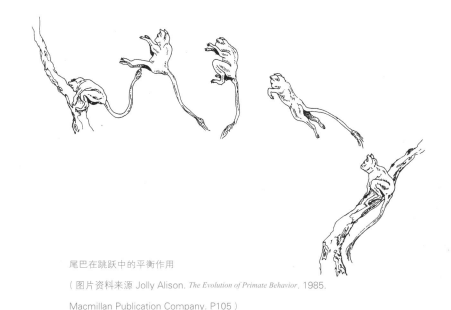

尾巴在跳跃中的平衡作用

（图片资料来源 Jolly Alison. *The Evolution of Primate Behavior*. 1985.
Macmillan Publication Company. P105）

外），结构接近手掌，有掌纹。不同种类的掌纹存在一定差异。

　　人类和类人猿则完全没有了尾巴。虽然人类在胎儿期间仍保留有尾巴，6周龄胎儿与其他猿猴一样有10~12个尾椎骨，但8周龄后胎儿的尾巴渐渐消失。一般新生儿是没有尾巴的，而体内尾巴骨等结构则显示了尾巴的退化痕迹。个别新生儿的尾椎骨没有完全消失，出生时可能会带着尾巴。

　　由于尾椎骨化石较少，我们难以知道类人猿尾巴消失的时间。在中新世初期（1600万年前~1500万年前）肯尼亚大型类人猿的化石中，有尾椎骨根部骨盆的仙椎，与现生类人猿的很相似。由此推测那时的类人猿可能已经没有尾巴。类人猿祖先在进化初期应该是用手足抓握树枝，在树枝上缓慢移动的，所以不需要像其他灵长类那样的长尾巴保持平衡，导致尾巴退化消失。**人类延续了类人猿祖先没有尾巴的特征。**

　　藏酋猴和人类身体的形态都是长期进化的结果。"存在就是合理"这话还是有道理的。

脱毛的烦恼

猴博士：

您好。我是一只雌性日本猴，曾经有一身健康油亮的体毛。但是，不知什么原因，从去年开始我的体毛变得越来越稀疏，到今年几乎都掉光了。我吃了很多增发的草药，但是都没有效果。我怕冷，很担心自己扛不过今年的冬天。更让人伤心的是，我的男朋友不仅没有想着照顾我，反而抛弃了我，跟着另一个姑娘走了。他怎么会这样，我做错了什么吗？

为脱毛而烦恼的日本猴[34]

来自日本高崎山

我在日本高崎山调查的时候见过你。当时是秋天，我看到你已经被冻得瑟瑟发抖。建议你尽量避免一个人过夜休息，可以多找些朋友一起抱团取暖。我曾经设计过一套测量猿猴脱毛的直观标准（见下页图）。根据标准，你的背部脱毛属于BS2级，头部脱毛属于HS2级，是严重的脱毛现象。

你可以参照了解自己脱毛的严重程度。严重的话建议你去医院检查一下，看看身体是否有矿物质失调、内分泌失调、免疫系统疾病、基因变异，以及皮肤环境（细菌、真菌感染，寄生虫感染或过敏性皮炎）等问题。需要注意的是，由于毛发生长有一定的周期性，所以脱毛不一定是由目前的原因，而可能是几个月前的某些因素导致的。此外，有些脱毛是正

脱毛的日本猴（张鹏摄于高崎山）

[34] 日本猴（*Macaca fuscata*）也叫雪猴，是世界上生活地区最北的猿猴，分布于日本本州、四国和九州的落叶林、阔叶林和常绿林。成年公猴的体重为10~14公斤，母猴约为5.5公斤，取食种子、果实、树叶、昆虫和谷物等。由于数量较多，日本多地农村出现日本猴破坏庄稼的问题。

常的自然现象，例如季节性更换毛发等。

导致脱毛的原因有很多。可能是由于生活心理压力，例如雌性猕猴在哺乳过程中会出现明显的脱毛现象。也可能是由于自然环境的压力，例如长尾猴长期取食相思树的种子也可能导致严重脱毛。动物园的猴子严重脱毛可能由于过度理毛。理毛本来是一种清洁行为，但是有些个体理毛过于频繁，甚至用力拔掉或吃掉自己（或对方）的毛发，导致局部皮肤裸露。

体毛成色是衡量动物身体健康的重要标志之一。你男朋友离开你，也许是误解你身体有严重的疾病。你可以给你男朋友解释一下，脱毛不是传染性疾病，多数情况下是可以恢复的。

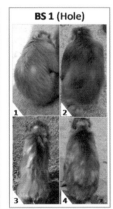

猿猴背部脱毛标准（张鹏摄）

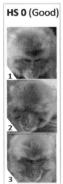
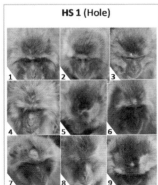
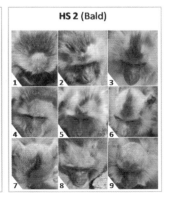

猿猴头部脱毛标准（张鹏摄）

身 体 与 健 康

人类为什么全身赤裸?

猴博士:

您好。我很喜欢《裸猿》,书中将人类描述为"裸猿":"他的体表全然裸露无毛。除了头顶、腋窝和阴部有少许的几丛毛发引人注目之外,其余皮肤全然裸露在外。和其他灵长类比较起来,其对比富于戏剧性……在所有的灵长类中,没有任何一种与人的情况接近。到了这一步,不用更深入研究,把这种新奇的灵长目命名为裸猿。"

我是一只倭黑猩猩,毛发对于我们来说还是很重要的,具有保温、防晒或保护体表皮肤等作用。如果我们失去毛发,我们的皮肤会变得脆弱,容易出现皮肤癌等严重问题。那人类为什么会变得如此赤裸?

毛发秀美的倭黑猩猩

来自刚果共和国

[35] 倭黑猩猩(*Pan paniscus*)是黑猩猩属的两种动物之一,和黑猩猩外表相似,但比起黑猩猩,他们较能直立,身型较为修长苗条,脑容量较黑猩猩的小。分布于非洲刚果河以南的热带雨林,集群生活,每群2~20余只,主食水果、树叶、根茎、花、种子和树皮,也吃昆虫、鸟蛋或捕捉小羚羊、小狒狒和猴子。倭黑猩猩是濒临灭绝的人科种类。

倭黑猩猩(Furuichi 摄于刚果共和国)

　　赤裸是人类的重要外表特征之一。但实际上，人类体毛和毛囊的数量并不比其他猿猴少，只是体毛更加细短而已。基因研究发现非洲人的MC1R基因（影响毛囊黑色素的重要候补基因）出现于120万年前，说明人类体毛退化可能已有100万年以上历史了。但是如果失去体毛的保护，人类祖先如何阻挡紫外线对皮肤的灼烧？如何在非洲热带草原生活？是什么原因使得人类失去几乎所有的体毛？"裸猿"仍然是个谜。我只能提供一些可能的解释。

　　失去体毛可以保持身体冷却？人类祖先从森林进入草原以后，白天气温很高，大量出汗，失去体毛有利于在炎热的环境中生活，例如大量出汗是人类的特征之一。但是反对者们认为，人类失去体毛以后，皮肤直接受到太阳的暴晒，反而会吸收大量热量。而且晚上也不利于保持体温，失去体毛可能不利于人类在草原环境的生活。很多动物经历了从森林到草原的过渡，但是并没有像人类这样裸露无毛。

　　失去体毛因为直立行走？与上述想法截然相反。人类祖先直立行走后，比其他四肢行走的动物受日晒量少，所以不需要体毛保护，只留下头发防止大脑温度过高。但目前仍然没有证明直立行走会导致失去体毛的证据。

　　失去体毛因为狩猎？人类祖先在草原狩猎，每天的活动量比在森林生活的灵长类高，失去体毛有利于有效降温。但是有人反驳说女性很少参与狩猎，为什么体毛反而比男性的少呢？

　　失去体毛因为穿衣服？衣服足以维持体温，这替代了体毛的保温功

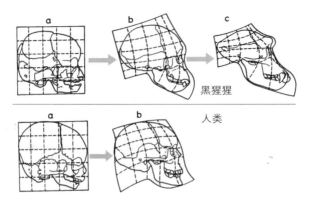

人类头骨维持了婴儿状态（从左至右是婴幼儿到成年时的变化）

能，体毛退化消失了。然而，衣服的历史只能追溯到2万年前，可以制作毛皮衣服的石器历史也仅有30万年。这些时间明显无法解释人类体毛为何在120万年前就消失了。

失去体毛因为人类祖先曾是水生动物？ 人类具有和水生哺乳类类似的许多特点，例如皮肤下面有很厚的脂肪层、胎儿天生会游泳等。如果人类祖先是水生的，就像鲸鱼等哺乳类一样，不会有体毛。但是，我们几乎没有可以支持祖先是水生动物的考古证据。

失去体毛因为人类的婴儿化？ 与其他动物相比，人类就像长不大的婴儿，与黑猩猩的头骨形态变化相比，人类成年人的头骨形态仍然接近于婴幼儿时的形态（见上图）。皮肤裸露细腻可能也是婴儿化的特征之一。然而人类胎儿早期也曾是全身被毛，只是在出生前才褪掉毛。这个假说仍存在争议。

失去体毛是为了防御外部寄生虫？ 这是最近人们比较关注的理论。体表寄生虫不仅咬伤皮肤，而且引发细菌感染和病毒感染等疾病。所以灵长类（除人类以外）每天都会换休息场所，而且每天花费好几个小时相互去除毛发上的虫卵和虱子。人类在180万年前就建立了固定宿营场所，并开始集中生活。长期定居生活会累积大量的垃圾、毛发和皮屑等。不难想象宿营地是寄生虫最密集的环境，容易造成由体表寄生虫引起的传染疾病，进而引发大面积死亡。毛较少的个体不易生成这些寄生虫，健康条件较好，适应定居生活环境。此外，由于健康的优势，体毛少的个体对异性有更强的吸引力，因而能繁殖更多的后代。这样在自然选择压力和性选择的双重作用下，人类体毛在较短的时间内快速退化。

猿
猴
家
书

人为什么有眼白？

猴博士：

您好。猿猴个个是天生美瞳，深色眼仁占了眼睛的绝大部分，几乎没有眼白露出。最近人类年轻女性流行"美瞳"，就是那种彩色的隐形眼镜，可以遮住部分眼白，增加深色眼仁比例，使眼睛闪耀出彩。我怀疑人类美瞳的概念应该是从我们猿猴这里抄袭的。如果人类想方设法要遮住眼白，那么当时为什么要进化出眼白呢？

天生美瞳的松鼠猴

来自哥伦比亚

天生美瞳的松鼠猴[36]

[36] 松鼠猴（*Saimiri sciureus*）是一种小型的新世界猴，属于卷尾猴科，分布于南美的大多数国家。由于松鼠猴体型娇小，攻击性小，因此近年来深受全球各地动物园的欢迎，国内不少野生动物园都引进了松鼠猴与游客直接互动。

露出眼白有利于视线交流

（张鹏摄于日本小豆岛）

　　猿猴一般看不出白眼仁，因为猿猴的巩膜（白眼仁）和虹膜（深色眼仁）颜色相同，或者有白色巩膜被隐藏在眼睑里面。从这个意义上来说，猿猴的确天生美瞳。猿猴没有明显的眼白部分，可以不让捕食者发现自己的视线，起到欺骗捕食者，增加逃避概率的作用。然而**人类是唯一可以看见眼白（即巩膜）的灵长类**。所有灵长类中，为什么只有人类露出眼白，仍然是个未解的谜。

　　露出眼白是为了增加交流？人类眼睛颜色有黑色和白色两部分，容易看出视线方向，提高了相互间的视线交流（使眼色等）和了解对方心理状态的能力，有利于狩猎等协调工作。露出眼白是人类长期视线交流的结果。当然这不是人类形成眼白的唯一解释。

　　问题的关键在于，猿猴能否主动采用视线交流。黑猩猩、猕猴、狒狒和卷尾猴等猿猴都可以理解其他个体的视线，关注其他个体关注的东西。但是他们不会使用视线来引导和理解其他个体——也就是说，猿猴可以关注到其他个体注意的方向，但是不会"使眼色"与其他个体交流。黑猩猩虽然也会进行合作狩猎，但没有形成眼白。

　　不管眼白是如何进化的，**人类是唯一可以通过视线交流的灵长类**。视线反映了人的心理状态。见面时正视对方交流，就可以取得信任。但同时，人类可以用视线欺骗他人。从这个角度来看，猿猴没有白眼仁，确实会少了一些交流，但也多了一份信任。

为什么我天生是色盲？

猴博士：

您好。您听说过患色盲的猴子吗？我就是如此。森林里，红黄色的果实是成熟的，青涩的果实是不成熟的，但是我看不出这些果实的颜色。我只有凑上去闻每一个果实的味道，才能选到一个好吃的果实。最可怕的是那些彩色的毒蘑菇。因为分不出颜色，我几次吃到有毒的蘑菇，差点丢了小命。您能理解一个色盲猴子的痛苦吗？为什么我不能够像其他猴子一样欣赏这五颜六色的世界？

天生色盲的树熊猴

来自加蓬

你不是色盲，只是你根本不需要识别颜色的能力。你和恐龙是同时代的动物。为了避开被恐龙捕食，你的原猴类祖先不得不在夜晚活动。在漆黑的夜晚，你们凭借强大的嗅觉和听觉能力，可以很好地在夜间活动和交流。你们仅保留了两种视锥细胞，失去彩色色觉能力，因为是否具有色觉对你们并不重要。

[37] 树熊猴（*Perodicticus potto*）生活在非洲热带森林里，动作迟缓，夜出昼伏，主要以昆虫和鸟为食，有时也吃野果。他们身体长约38厘米，长有宜于抓握的手，拇指和其他手指相对，可以握紧各种不同形状的树枝。主要取食水果、树胶、昆虫和小鸟等。

色盲的树熊猴[37]　（张鹏摄于日本猿猴中心）

川金丝猴栖息地内的果实（张鹏摄于秦岭）

色觉的进化与立体的生活环境有关。例如鱼类、鸟类等也生活在森林和海洋等立体的环境中，有四种视锥细胞，具有超强的色觉能力。热带鱼雄性的体表色彩斑斓，这绝不是为了让人欣赏，而是因为雌性热带鱼懂得欣赏彩色。相对而言，狗、牛和马等哺乳类都是在地面生活的，不具备分辨红绿等颜色的能力。

出现色觉是灵长类的飞跃性变化之一。多数新世界猴有色觉，而视锥细胞种类数量因物种而异。例如，吼猴有三种视锥细胞，具有与人相似的色觉，而夜猴仅有两种视锥细胞，是红绿色盲。色盲是可以遗传的，主要作用于X染色体上隐性性状。雌性有两套X染色体，只有当两条X染色体都有缺陷时，才表现出色盲。而雄性只有一条X染色体，只要这条染色体有缺陷，就会出现色盲。**所以雄性猿猴患色盲的比例是雌性的好几倍（人类也一样）。**

高等猴类和类人猿都有三种视锥细胞，色盲基因、可见光[38]的波段也与人类基本一致，应该具有与人类相似的色觉，可分辨出包括紫、蓝、青、绿、黄、橙、红7种主要颜色在内的120~180种不同颜色。人类继承了猿猴祖先的色觉能力，这也是人类获得审美意识的生物学基础。

猿猴家书

[38] 可见光是电磁波谱中人眼可以感知的部分。一般人的眼睛可以感知波长在400~700纳米之间的电磁波。正常视力的人眼对波长约为555纳米的电磁波最为敏感，即绿光区域。蜜蜂等昆虫可以感受到人们无法看到的紫外线波段。

我能为人类输血吗?

猴博士:

您好。今天是6月14日国际献血日,世界各地都在鼓励无偿献血。我是A型血。如果将来遇到急需输血的A型血伤员,我的血液可以派上用场吗?

一只有爱心的猕猴
来自海南南湾猴岛

你的来信让我感动。人类血型一般分A、B、AB和O型四种,另外还有Rh阴性血型、MNSSU血型、P型血和D缺失型血等极稀少血型。猴科种类是A型血,个别种类唾液里有类似B型血抗原。大猩猩的主要是B型,剩下是A型。黑猩猩的血型全部是O型和A型,猩猩的是B型,长臂猿的是A、B和AB型。原猴类红血球表面没有抗原,但唾液里分泌A、B、O型抗原。猿猴的血型与人类存在一定的差别。

其他动物也有血型。猫科动物,A型占93%,剩下的是B和AB型。猪90%是A型,剩下的是B型。蚊子和老鼠有A、B两种血型。马、牛、鹿等食草类动物则以O型为最多,A型次之,B型的极少。

但是,**目前还不能用动物血液补充人血不足,**因为有三个关键问题尚未解决:1)能否保证动物血型与人类血型的配型一致;2)能否保证动物血红细胞没有病毒和保证人体安全;3)能否保证不会出现输血后的人体免疫排斥反应。未来如果能够解决这些问题,也许我们真的可以互通有无。

猕猴（张鹏摄于海南南湾猴岛）

猿猴的百米纪录是多少？

猴博士：

　　您好。我是一只赤猴，传说中跑得最快的猿猴。我擅长长跑，最高可达时速55公里。我的百米速度目测是7.2秒。凭借出众的奔跑速度，我能够和狮子、豺狗等捕食者一起生活在非洲草原，而基本上不需要上树躲避。我觉得奥林匹克运动会挺无聊的，所有选手只是人类这一个物种。要是什么时候能举办个灵长类奥运会，让我们猿猴也参加比试一下就好了。届时如果能和"百米王"博尔特同场竞技那就真是再好不过了。我希望能打破他9.58秒的百米世界纪录。

猿猴界的"博尔特"

来自乌干达

　　百米速度7秒2！我看博尔特还是不要去参赛了，"两轮驱动"的人类怎能跑得过"四轮驱动"的猿猴。你拥有猎豹一样的修长体型，奔跑起来手指着地，更像只猎豹（其他猴子都是手掌着地奔跑）。研究者们都是开着车在草原上追踪猴群，即使这样也难以跟上你的脚步。

　　举办灵长类奥运会这个想法非常有创意，充分体现了人与生物圈和谐共处的宗旨。如果有力量型竞赛项目的话，大猩猩将是最好的人选。大猩猩是最大的现生灵长类。19世纪中期西方探险者从非洲带来很多关于大猩猩的奇闻逸事，将他们描述成力大无比的森林金刚。而实际上人们至今还不知道大猩猩有多大的力量，因为野生大猩猩从来不使出全力去完成一项评测任务。我亲眼见过大猩猩轻松地将碗口粗的小树连根拔起，也见过饲养场里被他们折弯的钢条。**估计大猩猩的上肢力量比人的大。**

　　关键问题在于如何设计竞赛评价标准。现行奥运会的评价标准显然是偏向人类的。例如人类属于直立行走的种类，50%的肌肉集中在下肢，所以举重比赛成为量化人类力量的竞赛指标。如果将这种竞赛指标直接用于猿猴，那明显是不公平的，因为类人猿主要依靠臂摆式移动，肌肉主要分布在上肢，在下肢则分布较少（见下页长臂猿）。期待有一天，我们能在灵长类奥运会上公平地角逐。

赤猴（张鹏摄于日本猿猴中心）

长臂猿[39]具有超强的手臂力量（张鹏摄于日本猿猴中心）

[39] 长臂猿（*Gibbon* spp.）因其前臂长而得名，是最小的类人猿。分布于我国南部和东南亚。我国有5种长臂猿，即白掌长臂猿、白眉长臂猿、黑长臂猿、白颊长臂猿和海南长臂猿，都是国家一级保护动物。

身体与健康

我为什么不流汗？

猴博士：

您好。我是一只黑叶猴。大热天的，先发条冷笑话凉快一下吧。"学校天气预报：明日高温警报，宿舍楼42.5℃，教学楼35.5℃，图书馆28.5℃，老师办公室25℃，行政楼23℃，校长办公室21℃。谢谢收看。"呵呵，开心吧。

我的这封信是关于流汗的。我发现很多人会流汗，有时还能看到一些人的衣服也被汗水浸透了。出汗有利于调节体温，避免中暑。但是，我每天的运动量也不小，为什么很少流汗呢？

一只很少流汗的黑叶猴

来自广西

这一点你不能和人类比。**人类是最能流汗的物种，也是唯一会因流汗过度致死的动物。**第二次世界大战的时候，联军部队进入非洲，导致士兵死亡的最大因素不是战斗或饥饿，而是流汗过度。

汗腺分为大汗腺和小汗腺两类（见下页图）。小汗腺的多少决定流汗的多少。人天生就有300万～500万个小汗腺，密度大约为80～600个/厘米^2。小汗腺遍布全身（除唇红部，包皮内侧及龟头部），尤其集中在

[40] 黑叶猴（*Trachypithecus fransoisi*）为我国特有的珍贵叶猴，国家一级保护动物，仅产于广西、贵州，分布区域狭窄，亟待保护。

黑叶猴[40]（张鹏摄于日本猿猴中心）

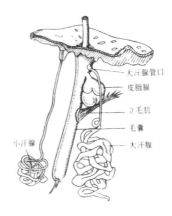

人的汗腺

掌跖、额部、背部、腋窝等处，那里也是流汗最多的部位。人类的汗腺几乎全都是小汗腺（接近100％），比例明显超过黑猩猩（70％）和猕猴（50％）。所以人类特别能出汗。

　　大汗腺也叫狐臭腺，只在人的腋窝、乳晕、阴部及肛门附近有少量分布。大汗腺的新鲜分泌物没有气味，但经细菌的分解，会产生狐臭气味。大汗腺到青春期才开始分泌，这说明性激素有促进大汗腺发育及分泌的作用。女性体味和大汗腺分泌物多少会受月经周期的影响。

　　性激素对猿猴大汗腺的成熟和活动也有重要的影响。大汗腺在求偶季节活动加强，产生特殊气味，具有吸引异性等社会意义。大汗腺调节体温能力较低。由于大汗腺的排汗能力较低，所以猿猴很少长时间剧烈活动，剧烈争斗一般持续不到一分钟，否则会因中暑而双双死亡。大多数陆栖哺乳类甚至不会流汗，而是采取其他方式避暑。例如狗吐舌头散热、兔子靠大耳朵散热，河马泡在泥沼里散热。猫的脚底板分泌少量汗水，可以散发热量。

　　人类大量流汗可能与进化过程有关。早期直立行走的人类祖先需要长途跋涉几个小时追赶猎物，出汗是身体调节体温的重要机能，汗水里水分占99％，水分蒸发可以防止体温过热。凭借这种能力，非洲桑族人的主要狩猎技巧之一就是长途奔跑，连续追踪羚羊群几个小时，直到羚羊无法排汗，中暑而死。

我还能活多久？

猴博士：

　　您好。我是一只老年日本猴，今年20岁。我有一个幸福和睦的家族，有亲爱的姐妹和孝顺的儿女。为了这个家族，我每天忙碌地工作，还要防止别人入侵我们的领地。这两年，我感到自己明显的老了，很多事情会力不从心。我想知道我能活到多少岁，哪些因素会影响寿命？

一只年迈的日本猴

来自日本小豆岛

　　至今仍没有研究者能够知道类人猿的寿命。因为类人猿的寿命太长了，我们熬不起。例如，大猩猩的寿命可能超过40岁，需要研究者持续一生的野外观察记录。目前关于猿猴寿命的记载都来自动物园等饲养设施。动物园的猿猴很少受到饥饿、快速温度变化、疾病和捕食者的困扰，所以他们一般比野生动物更长寿。

　　野生猿猴的寿命受很多因素影响，例如温度、食物、水源、疾病、寄生虫和捕食者等。一般来说，婴幼猴死亡率最高，青少年其次，成年个体死亡率随年龄增加而增加。大多数种类中，雄性寿命低于雌性，特别是青少年期和成年期的雄性死亡率相当高。这主要因为猿猴雌性很少离开出生群，而雄性在性成熟之前会离开出生群。离开出生群的雄性失去了社会群的庇护，则会面临着更多的危险和无助。此外年轻雄性加入其他群的过程也很艰难，常常受到群内雌性的排斥和原有雄性的攻击，有的甚至被打死。

　　除了平均寿命以外，最长寿命（个体最多可以存活的年龄）也是一个重要的指标。例如人类最长寿命是123年，是玻利维亚男性卡梅隆·弗洛雷斯·劳拉创造的，他是土著艾马拉人。黑猩猩的最长寿命据说是80岁，由电影《人猿泰山》中黑猩猩演员"奇塔"创造的。**最长寿命反映了物种的遗传性特征，不受事故、疾病、饥饿、捕食者等外界因素的影响。**

　　动物寿命一般与体型有关。例如牛的寿命应该比老鼠的更长。然而与

猿
猴
家
书

老年雌性日本猴（张鹏摄于日本小豆岛）　死亡的老年雌性（张鹏摄于日本小豆岛）

其同体型的其他哺乳类相比，猿猴的寿命明显更长。例如相似重量的长臂猿和狗，前者寿命为30余年，后者只有10~15年。除了灵长类以外，鸟类和蝙蝠寿命也很长，民间有松鹤延年的说法。这些长寿种类的共同特点是他们在树上或空中生活，受捕食者威胁较少，而且可以获得其他动物无法获得的果实、叶子、昆虫等丰富的食物资源，受饥饿威胁较小。安全的生态环境可能与某一物种较长的平均寿命有一定关系。日本猴是长寿物种，我见过日本猿猴中心的一只日本猴活到32岁，是世界上最长寿的猕猴。希望你多注意保健，打破这个纪录。

衰老是影响寿命的重要因素。 动物从出生那天起代谢废物就开始在体内聚积，体液变酸使细胞的生活环境变得更加恶劣，从而降低细胞的生命活力，加速其老化。如果难以保证自身安全，物种多会采取快速繁殖的策略，增加自身老化速度，缩短寿命。但如果能够保证自身安全性，物种一般会采取少产崽多保育的策略，延长寿命。猿猴雌性们一生繁殖幼崽数量较少，而且花费大量精力照顾幼崽，为其传授生存本领，提高大脑认知能力。人类也有类似的繁殖模式，所以寿命较长。

那么是不是获得能量越多越长寿呢？ 由于哺乳类的单位体积一生消耗的能量基本相似，所以体重与基础代谢率成反比。例如姬鼩鼱的寿命仅几年，代谢率高达280千卡/克单位体重/日（是人类代谢的8倍）；而河马的代谢率仅为10千卡/克单位体重/日，标准体重消耗能量很小。灵长类代谢率是哺乳类平均值的2.1倍，人的代谢率是哺乳类平均值的

　身　体　与　健　康

k选择与r选择（人类少产，多照顾后代，是典型的k选择种类；珊瑚多产，少照顾
后代，是典型的r选择种类）

3.5倍，人类的最长寿命在120岁左右，黑猩猩在60岁左右，猕猴在30岁以上，比同等重量的其他哺乳类更加长寿。**可以说灵长类通过大量消耗能量，获得相对较长的寿命。**

　　寿命越长就越有利于种群繁衍吗？ 长寿化并不是环境适应的必要条件。对于开拓新的栖息地或面对不安定的栖息环境，有些种类趋于采用多产、早熟、小型化和缩短世代时间等繁殖策略（即 r选择策略），几乎所有昆虫都是r选择物种，这可以使种群的增殖率急剧增高，达到高密度水平。相对而言，对于稳定的栖息环境，动物趋于采用少产、晚熟、世代时间延长和体躯巨型化等繁殖策略（即k选择策略），灵长类属于k选择物种，可以保持稳定的种群密度。选择长寿策略（k选择）或者快速繁殖策略（r选择）是物种长期以来对生活环境适应和进化的结果，很多物种的繁殖特征可能处于两个类型之间。

　　毫无疑问，所有物种都已做出了最适合自己的选择，所以才能够延续至今。

我老婆怀孕了！

猴博士：

　　您好。我是一只长须狨，有一个芳龄三岁的漂亮老婆。更开心的是，我快要做爸爸了，估计宝宝应该有三个月龄了。老婆怀孕以后，我们就开始准备宝宝出世以后需要的东西，迫不及待地想见到他（她）。因为这是我们的第一个宝宝！请问我老婆怀孕需要多久呢？

　　　　　　　　　　　　　　　　　　　一只快要当爸爸的狨

　　　　　　　　　　　　　　　　　　　　　来自秘鲁

　　首先恭喜你！狨是小型的新世界猴，成长和孕期较短。雌性14个月成年，怀孕期140~145天。所以你们要提前做好准备。另外，别忘了准备双份宝宝用品，因为狨一般是双胞胎。

　　灵长类不同物种的孕期不同。小型种类一般孕期较短，例如体型最小的鼠狐猴妊娠时间仅有两个月左右。卷尾猴等大型新世界猴的雌性5岁成年，怀孕期为半年。旧世界猴中，猕猴、狒狒等雌性4岁性成熟，一般秋冬交配，次年春夏季产子，怀孕期为半年。

长须狨（张鹏摄于日本猿猴中心）

类人猿的成长周期和孕期较长。大型类人猿的怀孕周期与人类的比较接近。黑猩猩8岁性成熟，月经周期35天，怀孕期227天；猩猩6~7岁性成熟，月经周期24~32天，怀孕期264天。人类怀孕开始是从最后一次月经周期的第一天开始算起，整个怀孕的过程约280天，也就是以最后一次月经开始后满40周，通常37周后可称为足月。

孩子几岁可以断奶？

猴博士：

　　您好。我是一只猩猩，最近在考虑要不要给孩子断奶。我的儿子今年三岁了，可以自己动手找吃的。但是他一直不肯断奶，每天晚上要求我陪他一同睡在树床上。我听说一些人类婴儿半岁时就开始吃离乳食了。我的儿子现在断奶是不是太晚了呢？

　　　　　　　　　　　　　　　　一只坚持母乳喂养的猩猩
　　　　　　　　　　　　　　　　来自印度尼西亚苏门答腊岛

　　我很赞赏你母乳喂养的态度。**母乳喂养对幼儿生存、发育和建立社会关系具有重要的意义。**在野外的恶劣环境下，你能够坚持母乳喂养孩子三年，实在是件非常不容易的事情。你在这一方面，比我们做得好。

　　哺乳期是哺乳动物生长的重要阶段。不同种类中，哺乳期的长短不同。有些种类婴儿断奶和母亲哺乳行为同时停止，而有些种类婴儿断奶后，会继续偎在母亲怀里吮吸乳头，直到进入青年期。类人猿一般都有较长的哺乳期。长臂猿的哺乳期为2年，其间幼崽受到父母双方的悉心照顾。

猩猩母子（Ochiai摄于马来西亚）

黑猩猩母子（张鹏摄于日本京都大学）

传统社会中母亲非常辛苦，但是仍然坚持母乳喂养（张鹏摄于乌干达）

　　猩猩是繁殖周期最长的灵长类，幼崽的哺乳期为3.5年。哺乳期以后幼崽仍然需要几年时间与父母一起生活，睡在同一个树床上，6~7岁之后幼崽开始独立制作树床，开始离开母亲，建立自己的领地。所以猩猩雌性生殖间隔长达8年。每个雌性猩猩一生最多生育3个后代。**充分的哺乳期对孩子的成长非常重要，因为哺乳过程不仅是为孩子提供营养和免疫，也是培养母婴关系、幼崽学习生活技巧和融入复杂社会的关键时期。**

　　相比之下，原猴一些种类在巢中哺育幼崽，幼崽的成长速度较快，例如鼠狐猴是成长最快的种类，幼崽出生两个月之后就可以独立生活。其他大多数原猴类幼崽的哺乳期为4~8个月，哺乳期过后开始独立生活。新世界猴中狨和柽柳猴哺乳期为3个月，哺乳期间父母兄姐会全力照顾幼崽。一些较大型的新世界猴的哺乳期较长，例如吼猴的哺乳期为10个月。

　　人类婴儿生长发育更接近于猩猩等类人猿，非常依赖母亲照顾。传统社会中，母亲非常辛苦，每隔15分钟哺乳一次，但是一般仍然坚持哺乳2年以上。现代女性由于工作压力较大等多方面原因，常常会给不到一岁的婴儿提前断奶，或者采取牛乳、奶粉、奶瓶喂养等人工方式取代母乳。毫无疑问，**人工哺乳不利于婴儿的身心健康，也导致母亲乳腺癌危险增加。**所以现代人的人工哺乳模式并不是好的借鉴模式。

身 体 与 健 康

怎样才能减肥？

猴博士：

您好。我是一只食蟹猴，身材有些偏胖，实际上我平时吃得
并不多，但是总能不停地长肉。我好羡慕那些身材苗条的雌性。
她们和我一起生活，吃的也不少，甚至有时比我吃的还多，怎么
就吃不胖呢？我听说饭后再吃一点黄瓜和酸奶有利于减肥，这是
真的吗？

一只计划减肥的食蟹猴

来自泰国寺庙

不要轻信谣言。有说吃饭可以减肥，或者说饭后吃黄瓜、酸奶等食物
可以减肥。吃这些高能量的食物不增肥就很好了，怎么可能减肥！能量守
恒是一个最基础的常识。如果身体摄入能量过多，而消耗能量少，那么多
余的能量就会转变为脂肪等，堆积在身体内，久而久之形成身体肥胖。**取
食是摄入能量的行为，而运动和代谢是消耗能量的行为。**

多运动，少吃高能量食物才是减肥的王道。泰国寺庙的食蟹猴就是
很好的肥胖例证。猴子们很少运动，天天坐等游客把高能量的食物送到嘴

[41] 食蟹猴（*Macaca
fascicularis*）又名长尾
猴、爪哇猴，广泛分
布于东南亚的热带雨
林、红树林和河流沿
岸。因为喜欢在退潮
后到海边觅食螃蟹及
贝类，故名食蟹猴。
目前是医学研究中被
广泛采用的实验动
物。

肥胖的食蟹猴[41]（Watanbe Kunio摄于泰国）

金丝猴冬季食物匮乏，取食树皮补充能量（张鹏摄于秦岭）

边，自然会出现大量肥胖的猴子。而其他野生食蟹猴种群则很少有肥胖个体，因为他们运动量较大，而且取食的树叶、树芽等低能量、高纤维的野生食物。近年来猿猴成为研究人类肥胖的最佳模型动物。

　　自然界的食物供给是季节性的。野生金丝猴在秋天大量取食果实膘肥体壮，而在食物匮乏的冬季体重急剧降低20%以上。类似的，南非原始部落桑族人在食物丰富的雨季大量取食积累脂肪，体重显著增加；而进入食物匮乏的旱季，体重大幅下降。桑族人的生活习惯很好。以素食为主，肉食比例不到30%~40%。食盐量较少，盐分的摄入量与排出量保持平衡。所以，他们的血糖值较低，血压稳定保持在70~130mmHg的健康范围内，并且不受年龄的影响（现代社会人的血压一般随年龄增加而增加）。

　　现代社会中蔓延着各种肥胖病。北极圈因纽特人接触了文明社会以后，生活习惯急速变化，因大量取食可口可乐、糖、巧克力和蛋糕等高糖高脂肪的食物，出现了肥胖问题，并由此引发心脏病、高血压病、高血糖症、痛风、动脉硬化症、糖尿病等一系列富贵病。现代人以碳水化合物、糖和脂肪等高能量食物为中心。超市里一年四季摆放着面包、香肠等高能量食物，而失去了季节性变化。同时，因为飞机、汽车和火车代替了人力移动方式，现代人普遍缺乏运动。这种生活和饮食习惯容易导致肥胖。此外，肥胖还受其他一些因素的影响，包括遗传因素、物质代谢与内分泌功能的改变和神经精神因素等。

　　身 体 与 健 康

我这是感冒了吗？

猴博士：

您好。我是一只日本猴。我每年初春季节都会感冒，出现鼻塞、打喷嚏和流眼泪的症状。我刚开始以为自己不注意，但是后来发现不管我如何注意保暖，每年这个时候我都会有规律地出现这些症状。这是怎么搞的呢？您有什么可以根治此病的药吗？

一只总在春天感冒的日本猴

来自日本宫岛公园

你的情况应该不是感冒，而是花粉过敏，又名过敏性鼻炎、花粉症。每年春季是树木开花的季节，从而导致由花粉致敏引起的变态反应性鼻炎。次年再开花时会再犯病，如此循环往复。如不及时治疗，患者症状可逐年加重，发病时间也随之拉长，最后由季节性病变成常年病。

最先接触到花粉的呼吸系统和五官一般反应较明显。免疫系统在这些部位抵抗花粉的同时，会增加产生组织胺。组织胺让毛细血管扩张，甚至渗透出毛细血管，进入到组织中，因此引起了红肿、痒，就像发炎一样，所以个体出现鼻子痒、眼睛痒、耳朵痒、嗓子痒、喷嚏不断、鼻涕不停等症状。对人与猴过敏特征进行比较，有利于了解人类过敏的机理。

过敏性疾病往往很难根治，因为根治过敏反应需要破坏体内免疫应答系统，这样会导致病原体入侵等其他更严重的问题。所以，你可以吃一些市场上的过敏药，这些药的原理大多是抑止组织胺分泌，以减缓病情，但无法根除过敏反应。

猿
猴
家
书

花粉过敏的日本猴

（张鹏摄于日本小豆岛）

艾滋病从哪里来？

猴博士：

您好。我是一只大猩猩，有人说艾滋病是大猩猩传染给人类的。这不是栽赃吗？大猩猩怎么会有人类的艾滋病，我从来没听说过有死于艾滋病的大猩猩。我希望您把这个事情追查一下，恢复我们的声誉！

坚决抵制艾滋病的大猩猩

来自乌干达

艾滋病即"获得性免疫缺陷综合征"，是由艾滋病毒引起的慢性致死性传染病。联合国艾滋病规划署宣布，自1981年至2006年，25年间全球累计有6500万人感染艾滋病毒，其中250万人死亡。艾滋病是一种新型传染病，1981年由美国亚特兰大疾病控制中心首次公布。

发现猴艾滋病毒（猴免疫不全病毒SIV）后，有学者怀疑猿猴SIV是HIV-1病毒的传染源。20世纪80年代末到20世纪90年代全世界研究者对不同猿猴种类的SIV进行分析，结果表明猴SIV是几十万年前在猿猴中扩散开的，与人类艾滋病有明显差异。那么人类艾滋病从哪里来的呢？

目前科学界公认艾滋病的HIV病毒最初是存在于中非西部的大猩猩身上，或者说人类艾滋病HIV-1的前身是大猩猩体内的一种猴免疫缺陷病毒（大猩猩SIV）。但是我们还不知道它是何时以何种方式传播给人类的。普遍的一种推测是，猎人在非洲追捕大猩猩时，被携带有HIV病毒的猩猩抓破了皮肤；或者是猎人在宰杀大猩猩时不小心划破了手指而被HIV感染。

值得一提的是，在几十万年进化过程中，猿猴与猴艾滋病毒形成了共存状态，即使感染病毒也不会出现不适。相似的，对非洲妓女的研究表明，一些妓女长期性接触艾滋病携带者，但是不会被传染或者不出现临床病症——即使病毒增殖。这说明人体内抑制能力强的话一样可以控制病情。从进化的角度来看，艾滋病将来也有可能成为人体内无害的共存病毒，当然这需要至少几万年的时间。

猿猴还有什么疾病？

猴博士：

您好。看了您这个栏目，我才知道原来我们猴子会把疾病传染给人类的。以后和人类接触时，我们还是要多注意，尽量少抓挠他们。除了艾滋病以外，我们还有什么需要注意的疾病吗？

一只不怕人的猕猴

来自海南南湾猴岛

猿猴携带的传染疾病主要是病毒性疾病和细菌性疾病。病毒性疾病包括B病毒、猴逆转录病毒、猴泡沫病毒、丝状病毒（如伊波拉病毒、马尔堡病毒）、痘病毒、黄病毒（如黄热病和登革热）、淋巴球性脉络丛脑膜炎病毒、狂犬病病毒、猴多瘤病毒、甲型肝炎病毒和乙型肝炎病毒。其中一些病毒对人体可能是致命的，例如在已知被感染了B型病毒的40个人中，死亡率高达70%。

细菌性疾病包括结核病、痢疾杆菌类疾病（如痢疾）、沙门氏菌类疾病（如伤寒）、弯曲状杆菌疾病（如反应性关节炎）、疟疾、弓浆虫病、克氏锥虫病、短膜壳绦虫病、猴结节线虫病、类圆线虫病、鞭毛虫病等。这些细菌性疾病有可能通过抓伤而传染给人类。

同时，**人类疾病也会传染给猿猴，导致一些濒危物种的死亡。**例如2004年染病游客靠近观察乌干达大猩猩，将携带的感冒等病毒传染给大猩猩，导致六成当地大猩猩的死亡。坦桑尼亚的黑猩猩观察点也出现过类似的现象。

为了保护游人和猿猴，应该尽量避免近距离相互接触，学习关于感染病的知识，准备防蚊虫叮咬和消毒药品，以减少猿猴与人之间感染疾病的风险。

避免猿猴与人的近距离接触
（张鹏摄于海南南湾猴岛）

被猿猴咬伤
（张鹏摄于日本高崎山）

更年期的烦恼

猴博士：

您好。我是一只雌性黑猩猩，今年已经40岁高龄了。随着年龄的增加，我的身体大不如以前，精力体力下降、生殖能力下降，繁殖期的排卵时间晚，排卵不规则。听说更年期女性就停止月经和怀孕，可能出现更年期综合征。我想咨询一下，我是不是得了更年期综合征呢？

一只年迈力衰的黑猩猩

来自刚果

年迈的黑猩猩和孩子（张鹏摄于日本京都大学）

更年期是指人类女性在45~55岁期间卵巢加速萎缩，卵巢分泌的激素量迅速下降，卵巢功能减退的现象。多数妇女能够平稳地度过更年期，但也有少数妇女由于更年期生理与心理变化较大，出现失眠、多梦、盗汗、潮热、烦躁易怒、精力体力下降、记忆力减退、骨质疏松等更年期症状。

猿猴是没有更年期的，与其他动物一样，雌性都是终生繁殖的。黑猩猩也有月经（除新世界猴和原猴类以外），但是从生活史来看，黑猩猩与人类最明显的不同在于，老年雌性仍具有活跃的生殖能力。相对而言，人类妇女进入更年期后，丧失生殖能力，然而仍然有几十年的寿命。这种现象在动物界是极为罕见的。

为什么人类会出现更年期呢？**目前普遍认为老年女性停止繁殖有一定的适应性意义。**因为人类难产比例较高，随年龄增加难产的风险也会增加。而且人类育儿难度比其他猿猴类更大，老年女性缺乏足够的精力。自己停止繁殖，可以减少生育危险，同时会用自己积累的经验协助其子女繁育后代，为家系繁荣做出贡献。

黑猩猩雌性最高可以活到60岁，有47%的黑猩猩在40岁后仍继续生育，所以你应该没有更年期综合征。尽快找到如意郎君，开始你的下一波生育高潮吧。

猿
猴
家
书

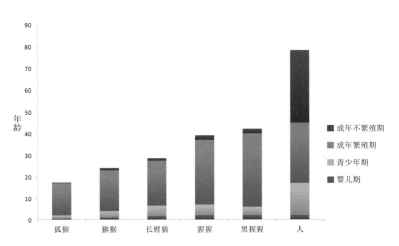

人类生活史。成年女性不繁殖期（更年期）明显长于其他猿猴雌性（张鹏制图）

猴宝宝和人宝宝有什么区别？

猴博士：

　　您好。我是一只猕猴妈妈，有一个新生的宝宝。我们的猿猴宝宝与人类宝宝有什么区别吗？

一只专心育子的猕猴妈妈

来自湖南张家界

猕猴一月龄新生儿

（张鹏摄于海南南湾猴岛）

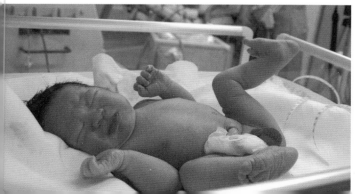

人类新生儿

（张鹏摄于日本犬山市）

恭喜你，你的孩子很可爱，很健康，一个月就已经可以四处跑来跑去了。我也有孩子，不过我的孩子到一岁才开始走路。人类婴儿和猿猴婴儿有很多相似的地方，也有各自的特点。

人类新生婴儿在生理上尚未发育成熟就被生出来。出生后双手无法自主抓握物体，眼睛不能自主追随移动物体，三个月后才会翻身，一岁左右才能做到其他哺乳类婴儿一生下来就会做的事情。例如大象、鹿和马等其他哺乳类的幼崽出生后就很快会站立，甚至可以和母亲一起奔跑。猿猴新生儿的发育程度也较高，幼崽出生后立即可以自主抓握树枝，眼睛可以自主追随移动物体，出生一个月后就可以自由行动，六个月以后可以自己爬树。瑞士生物学家波特曼从动物的发生、发展角度提出"人类是生理上早产一年的动物"，解释了这一差异现象。

同时，由于人类选择了直立行走，脊柱和腹腔器官的重力自然就完全压在骨盆上了，这就使得女性的生殖通道变得狭窄，意味着人类婴儿无法像牛、羊等哺乳类那样在母亲体内长到基本成熟后再被产出来。那样的话人类婴儿的头部将无法通过狭窄的生殖道，因此人类女性采取了生理性早产的策略，将幼儿提前一年产出。研究人员测量了300万年前的女性猿人的骨盆化石，结果发现女性猿人也采取了生理性早产模式。

由于生理早产，人类新生儿大脑重量仅390克，一岁时增加一倍达到780克，12岁时增加三倍达到成年人的1400克。这种大脑发育过程使人类成为最善于学习的动物。同时由于婴儿非常软弱无力，无法自力抓住母亲，造成母亲很大的育儿困难。早期人类放弃游走生活，将母亲与婴儿留在固定营地，其他成员外出狩猎和采集，把食物带回宿营地进行分配。特定男女相互有了育儿和供给食物关系，形成最初的夫妻和家庭。随着母子关系和家庭关系的强化，人类子女有更多的机会学习和继承母亲的行为。所以我们现在的社会和文化都是在特有的生殖背景中形成的。

第三章

美食与生活

当我们习惯于去超市买面包，在厨房接自来水的时候，也就渐渐忘掉了我们曾经为了在自然界中得到食物而艰苦奋斗的经历，而且这个经历持续了500多万年。如果把人类取食活动比作百米赛跑，那么在超市买东西的经历仅占其中的10厘米。一方水土养一方人，我们的一切源自于在自然界中的生活与适应。

[3.1] 为什么毒死我的哥哥？

猴博士：

您好。我是一只豚尾叶猴，是世界上最珍贵的灵长类之一。不幸的是，哥哥上周吃了一些游客投喂的面包、花生和水果糖等食物后，第二天就离开我们了。我很难过，不明白为什么那些游客要毒死他？

一只失去亲人的豚尾叶猴

来自雅加达动物园

动物园里经常发生动物死于游客投放的食物的事情，主要是因为人们对动物食性的无知。很多人误以为"猴子都喜欢吃香蕉"，而实际上很多野生猿猴是不吃香蕉的，例如，野生金丝猴不会吃香蕉，因为他们生活的北方森林里没有香蕉。我们见到动物园里的猴子大口吃香蕉，是因为香蕉比较便宜，可以促进消化，饲养员经常投喂香蕉而已。

豚尾叶猴和金丝猴的胃是四个腔室的复胃，与人类的单胃不同。复胃里有大量的细菌，有助于发酵和分解树叶的单宁毒素和纤维。因此叶猴可以自由取食人们消化不了的树叶和树皮。但是如果他们取食大量馒头、花生和水果糖等高能量的人类食物，会出现胃酸过多、肠胃胀气等问题，甚

死亡的豚尾叶猴[42]（Watanabe Kunio 摄于印度尼西亚）　叶猴的复胃结构（Watanabe Kunio 摄于印度尼西亚）

[42] 豚尾叶猴（*Simias concolor*）又名猪尾叶猴，是疣猴亚科下唯一尾巴较短的种类，尾巴只有15厘米长。除似猪尾的尾巴外，还有一突出特征是朝天鼻，与我国的金丝猴近缘。毛皮呈黑褐色，面上无毛而呈黑色。仅生活在明打威群岛中，主食叶子和果实。

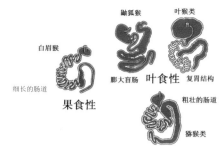

食性影响肠胃结构（张鹏制图）

果食性　白眉猴　细长的肠道　鼠狐猴　膨大盲肠　叶猴类　**叶食性**　复胃结构　粗壮的肠道　猕猴类

婴猴　发达的盲肠　**主食树胶**

金熊猴　简单的肠胃　**主食昆虫**

至因此压迫肺部呼吸活动从而导致个体的死亡。所以，**我们常常提醒游客不要随意给动物投喂食物。**

　　灵长类的食性是相当多样和复杂的，取食范围也很广。绝大多数的猿猴是植食性的，主食是果实、花、种子、芽、花蜜等植物组织和分泌物。对131种猿猴的野外取食记录表明90%的种类取食水果、79%的种类取食嫩芽和花等植物的柔软部分，69%的种类取食成熟叶片、65%的种类取食软体动物、41%的种类取食种子、37%的种类捕食小型动物和鸡蛋。而眼镜猴是唯一肉食性的种类，主食无脊椎动物和小型脊椎动物。

　　有些种类由于存在取食偏好，而出现特化身体结构特征的现象。例如非洲的指猴主食昆虫幼虫，手指特化就很明显，中指的骨头细长，前端带爪，可以抠出树缝里的昆虫幼虫和椰果果肉。他们有兔子一样的大门齿，可以拨开树皮，找到树皮和树缝里隐藏的幼虫。南美的狨也有很灵活敏感的指头，可以伸入树缝寻找食物。大猩猩和猩猩的雄性头顶有很大的肌肉突起，这也与取食有关。由于雄性体型是雌性的2倍左右，需要不停地取食，而头顶肌肉增加了雄性的咀嚼力量和持久力。

　　猴子与人对苦味的忍耐能力可能不同。人类频繁取食肉类或煮熟的植物，忍耐苦味能力较差，而猿猴可以取食带苦涩味的叶片，对苦味的忍耐能力可能就会较强。不过，有意思的是，耐苦味能力弱的人类却喜欢喝含单宁成分（苦味）较多的茶叶，喜欢取食难以消化富含纤维素的食物。这些可能是我们人类自身防止食物过剩，减少肥胖病、糖尿病、高血压、高血脂、尿道结石等现代疾病的适应性行为。这是人类特有的文化现象，野生灵长类绝对不会取食这种降低消化率的食物。

一日三餐好不好?

猴博士:

您好。我是一只狮尾狒狒。我发现自己的生活习惯不太好,每天除了吃饭就是睡觉,生活太没有意义了。而且我吃饭特别慢,白天有七成时间都花在吃饭上。我想改变一下自己的作息规律,您觉得我改成一日三餐如何?

"吃货"狮尾狒狒

来自埃塞俄比亚高原

野生猿猴都没有一日三餐的习惯。首先,因为他们主食植物,食物的营养成分低,分布不集中,且有单宁等毒素,只有长时间取食才能够满足营养和能量需求。现代人一日三餐或两餐,每餐只需要十几分钟不到的时间,是因为我们从超市买来米和肉的营养非常高,取食少量就能满足我们的能量需求。而假设将白米饭均匀地撒在足球场上,我们一粒粒全部捡起来的话可能就要花好几个小时了。

其次,**猴子没有每天固定取食的社会规范**。我们采取早中晚一日三餐的社会规范,使人们活动同步化,具有相似的作息时间,有利于统一管理。在动物园和一些饲养机构,人们一般在固定的时间给动物投食,也是方便管理的做法。而野生灵长类社会中没有形成这种社会规范的必要,野生猕猴群内取食是个体的自由活动,取食时间不同步化,个体相距较远,不会注意其他个体在做什么,只有在群体移动间歇的时候才会出现一些社会活动,例如集中在几棵树上相互理毛等。所以说猴子取食回数频繁,不存在一天吃几顿饭的现象。

最后,狮尾狒狒是除叶猴以外唯一主食叶子的灵长类,体型较大。由于草叶的营养和能量较低,需要摘取大量食物才能满足能量需求,而且消化过程中需要降解叶片里单宁等有毒成分。所以你们每天要像牛一样不停地取食才可能满足身体的能量需求。除非能够找到其他高能量的食物,否则你是无法改变现在的生活规律的。可惜你的家乡埃塞俄比亚高原上可以吃的食物很少,草叶是唯一可以果腹的稳定食物来源。所以,我建议你顺其自然,不需要刻意地改变饮食习惯。

草食性的狮尾狒狒[43]
（Mori摄于埃塞俄比亚）

[43] 狮尾狒狒（*Theropithecus gelada*）
因尾端有一小撮毛而得名。是一
种昼行性、地栖猴类。以素食为
主，而且是灵长类中唯一以草为
食的种类，其食草占总食量的
90%～95%。形成一雄多雌的繁殖
单元，若干的繁殖单元聚集成上百
只个体的大群。生活于埃塞俄比亚
和厄立特里亚的海拔2000～5000米
的高原地区。这里陡壁悬崖，有效
地减少了捕食者的危险。

集中取食是一种管理方式 （张鹏摄于中山大学）

猴子都怕冷吗？

猴博士：

您好。我是一只眼镜猴，生活在菲律宾的热带雨林。这里常年夏天，没有明显的季节变化。但是上个月气候反常，降到10度左右，我被冻坏了！我就想到那些生活在雪山上的同类们，难道他们不怕冷吗？

超级怕冷的眼镜猴

来自菲律宾

猿猴普遍怕冷。**绝大多数种类分布于热带和亚热带的森林中，不会遇到冬天。**不过有个别种类分布在温带（北回归线以北）的栖息地，例如日本猴、叟猴（摩洛哥）、川金丝猴（中国）、贵州金丝猴（中国）、藏酋猴（中国）、猕猴（中国）和5种金叶猴（不丹）。即使不在温带分布，如狮尾狒狒生活在埃塞俄比亚的高山草甸年平均气温也只有5度。那么，猿猴到底能忍耐多低的温度呢？

不同种类的耐冻能力不同。例如日本猴正常生活气温为6~35度，气温越低，个体氧气消耗量增加。日本猴在5度环境的吸氧量是26度的1.8倍，表明他们依靠增加能量消耗维持体温。他们在低温中也会发抖，以增加体内产热和维持体温。不同地区猴子的耐冻能力也会不同。长野省的日本猴生活在极其寒冷的栖息地，可以忍受零下10摄氏度的寒冷气候，他们在气温到冰点以下也不会增加耗氧量或发抖。相比之下日本南部的猕猴种群就很怕冷，每到寒冷天气，上百只猴子会抱在一起相互取暖。用温度感受型电波仪检测行为发现，猴团内部温度增加1~2度，可以节约10%的能量。我国南北方猕猴的体型不同，北方猕猴较大，体毛更浓密，因而有利于保温和适应严寒气候。

冬天面临的不仅是低温，也有食物短缺。野生金丝猴在秋天大量取食果实而膘肥体壮，但在食物匮乏的冬季体重则急剧下降，依靠之前的储备维持能量消耗。南非的传统狩猎采集部族的桑族人的体重明显随季节而变

怕冷的眼镜猴

（Matsuda Ikki 摄于菲律宾）

遭遇冰雪的日本猴

（张鹏摄于日本长野省）

化。对野生猿猴和原始部落人们来说，贪吃是一种适应能力，只有贪吃的个体才能在体内蓄积足够的脂肪，从而保证在食物匮乏季节的能量消耗，存活下来。

日本猴抱团休息抵御寒冷 （张鹏摄于日本小豆岛）

[3.4] 哪里是我的安乐窝？

猴博士：

您好。我是一只猩猩，近期计划和我女友生个小宝宝。但是女友对生活空间要求比较高，一再强调"孩子要有好的生活环境，至少要有个安乐窝"。所以，我最近一直为选一个合适的安乐窝环境而苦恼。是不是所有的雄性们都在为安乐窝而奔波一生？

寻找安乐窝的猩猩

来自马来西亚

即使在人类社会，住房也是决定婚嫁和婚后生活的重要因素之一，很多年轻人为不断上涨的房价而苦恼。

有点扯远了，还是回到你的问题上。**绝大多数猿猴不会为安乐窝而烦恼**，例如金丝猴、猕猴等都没有固定的夜宿地点。猴群在山间随遇而安，增加了移动自由度和活动面积。筑巢行为一般在低等动物中比较常见，例如爬行类、鸟类等。筑巢性提供了安全的休息场所，但是也限制了动物的活动范围，使他们只能在巢附近活动。

有筑巢行为的猿猴主要出现于低等的原猴类，尤其在夜行性原猴类中相当普遍。例如婴猴有筑巢的习惯，巢一般距离地面1.5米左右，直径约20厘米，上面铺有柔软的草叶或树叶。为了躲避非洲草原上的食肉动物，婴猴常常把巢建在树洞里。大婴猴巢厚实而耐用，可以用好几年，雌性会在巢里哺育幼崽。但是有的大婴猴较少筑巢，他们夜晚出去行动，白天则借用鸟巢休息。笔尾树鼩的巢大概60厘米宽窄，由树叶和小树杈制成。

有意思的是，黑猩猩、猩猩等人科种类又出现了筑巢习惯，他们会用树枝和树叶等材料做树床。他们每天都建筑新巢，这样既可以享受舒适的巢穴，又可以不受巢穴位置限制大范围地活动。大猩猩一般在地面上做床，而黑猩猩倾向于在树上做树床。在没有豹子和狮子等捕食者的地区，黑猩猩也会在地面做床。猩猩常常反复使用旧床，下大雨时候会用树叶树枝编成小伞盖在树床上，既遮雨又防晒。人类的住家特点可能是大型类人猿的遗产。不过人类一般在固定的夜宿点休息，这与其他人科种类不同。

猿

猴

家

书

猿猴能不能自觉上厕所?

猴博士:

您好。我是一只藏酋猴。很多游客喜欢来峨眉山,与我们近距离接触,但是会一不小心踩到"缘分"(猿粪)。他们经常抱怨我们太脏,随地大小便。其实,我也不想随地大小便,就是常常忍不住。是我的身体有什么问题吗?

一只有洁癖的藏酋猴

来自峨眉山

很多动物天生就有上厕所(在固定地方排粪)的习性,例如鹿、果子狸、猫和狐猴等低等灵长类。这些种类一般都单独生活,有各自的领地。它们在领地间的重合部分排便,是与从未谋面的邻居之间交换信息的行为方式。它们可以从粪便的新鲜程度和质量,了解一些重要信息,例如有谁来过、什么时候来过、吃的什么食物、身体情况如何等。**厕所就是这些动物重要的社交场所。**

而包括藏酋猴在内的高等灵长类主要依赖视觉交流,不需要通过排泄物来交流,所以没有必要在固定场所排便。实际上,**猿猴乱拉乱尿的行为对维持森林生态非常重要。**猿猴随地排粪有利于将种子均匀分散于森林中,种子硬壳被猿猴消化道软化后,在猴粪营养下更容易生根发芽。黑猩猩和大猩猩等大型类人猿有每天做树床的习惯。树床附近种子发芽率和成长情况一般比其他场所的更好一些,因为撇断附近树枝,为种子发育提供必需的空间和阳光。热带雨林地区灵长类种类和数量众多,活动范围广,携带种子数量是鸟类的几十或上百倍。假设猿猴都在固定场所排便的话,将限制植物种子散播,不利于森林环境的可持续性发展。

人类是唯一在固定地方排便的高等灵长类。与上述动物不同,人类厕所不是必须的社交场所。人类如厕的习惯不是天生的,需要一定的教育和培养。最早的如厕习惯应该是早期人类为适应定居生活、维持生活环境清洁,而形成的一种文化行为。

1　植物准备了甜美的果实鼓励猿猴取食

2　猿猴在远处排粪，植物种子随粪便排出

3　适宜的环境和粪便的滋养下种子生根发芽

4　猿猴的活动对森林可持续发展至关重要

猿猴是森林的种子散布者　（张鹏制图）

我为什么总爱迷路？

[3.6]

猴博士：

您好。我是一只非常宅的白头叶猴。我平时就喜欢待在自己的山洞附近，从不去远处旅行，因为在外地没有安全感，还会迷路。我觉得在自己的家很好，有熟悉的朋友和熟悉的环境。我不明白为什么人类那么喜欢旅游，难道不会在外地迷路吗？

"宅女"白头叶猴

来自广西崇左

猿猴一般都很宅，因为每个猴群在林中都有固定的活动范围，日复一日、年复一年地在这里活动，形成自己的家域。我在周至国家自然保护区观察西梁群金丝猴时，发现野生猴群的家域面积约10平方公里，猴群很清楚家域内的几棵大树什么时候会结果实。当快靠近那几棵大树的时候，猴群会加快速度靠近。有一次，为了研究目的，我们曾经麻醉过群内的一只雌性，给她佩戴项圈。当她苏醒的时候，猴群已经不见踪影。有意思的是，第二天我们就发现猴群里出现了这只带项圈的个体，开心之余也惊讶她在茫茫山林里是如何快速找到自己猴群的。

在日本的时候，我曾经遇到动物爱护团体冲进我们的研究所，打开门锁"解放"被关在饲养场的猿猴，将里面的猿猴赶出去，让他们重获"自由"。但是几天后大多数逃脱的猿猴们饥肠辘辘地主动回到笼舍，而没有回来的后来就饿死在外面。这些猴子都是在饲养环境中出生的，从来没有离开过饲养场，如果突然进入陌生的野外环境，反而惊慌失措无法生存。所有的猿猴都需要生活在自己熟悉的家域环境内，即使是饲养动物适应野外环境和食物，也是一个循序渐进的过程。

人类也有自己的家域。在一个城市待久了，每个人就都会有自己熟悉的活动范围，能够穿过林立的高楼大厦，准确找到喜欢的饭馆。就好像秦岭金丝猴能穿过茂密的树丛，准确找到喜食的果树一样。不过，人类比猿猴更敢于探索新环境，并能够很快适应新环境，这一特点也是人类能够全球分布的原动力。

猿
猴
家
书

[44] 白头叶猴（*Presbytis leucocephalus*）又叫花叶猴、白叶猴、白头乌猿等，雄性和雌性的体型大小差别不甚显著。外形酷似黑叶猴，因肩部和头部为白色而得名。分布于广西左江和明江之间的一个十分狭小的三角形地带内，现仅存数百只，属国家一级保护动物，是全球25种最濒危的灵长类动物之一。

喜欢穴居的白头叶猴⁴⁴ ［上］

城市人穿梭在商铺的森林中（张鹏摄于香港）［下］

[3.7] 本是同根生，相煎何太急！

猴博士：

　　您好。我是红绿疣猴，正在被一群黑猩猩追杀。我一定要给您写这封信，揭穿黑猩猩的丑恶嘴脸。他们表面上说和我们共同利用森林资源，骗取我们的信任，但是其实他们抢占我们的领地，还杀害我的亲人。我的父亲和哥哥都被他们吃了。至今他们根本没有停手的意思。同为灵长类，他们为什么要对我们斩尽杀绝？希望我还能活着看到您的回信。

遭受死亡威胁的红绿疣猴

来自乌干达

　　黑猩猩与红绿疣猴的关系算是最差的猿猴邻里关系之一。黑猩猩85%的肉食来自于捕食红绿疣猴，另外他们还会捕食野猪幼崽、羚羊幼崽、松鼠、大老鼠等小动物。我们非常担心红绿疣猴的命运，但是无法插手帮助。**因为黑猩猩吃红绿疣猴、狼吃羊都是自然食物链关系。**我们主观干涉将会破坏食物链平衡，从而导致更严重的灾难。希望你平时多加小心，尽量多在树冠部活动，因为那里比较有利于你们逃离。

　　为了减少竞争，分布于同一地区的种类一般会有不同的食性和生活习惯。例如云南省有十余个猿猴种类，其中蜂猴、倭蜂猴营夜行性生活，与其他昼行性种类的活动时间岔开，而且他们主食昆虫、小型脊椎动物和树胶等，减少了与其他素食性种类的食物竞争。猕猴类分布于林带最底层，主要营半地栖性生活，拣拾地面上的坚果等食物。长臂猿是树栖性，很少下地活动，主要取食树冠部位的果实。滇金丝猴营半地栖半树栖的生活，主要取食其他种类不吃的树叶、树皮和地衣等食物，减少了种间竞争。

　　人类也会捕食其他灵长类。例如猩猩这种活动缓慢、好静的动物可能曾经是早期人类的主要食物之一。如在3.5万年前旧石器时期婆罗洲猿人的洞穴中，研究者发现了42具动物的遗骨，其中竟然有40具是猩猩的遗骨。在高强度的狩猎压力下，猩猩在中国、印度已经灭绝，幸存于马来西亚的种群不得不放弃地上生活，逃入森林，开始树栖生活。现在很多国家仍有取食和狩猎猿猴的现象，从而导致某些种类的完全灭绝。

　　种间关系贯穿于灵长类的整个进化过程。为了各自种群的发展，灵长类各种类间出现了更加复杂的竞争和利用关系，促进了其认知能力和其他智能的进化。

被捕食者：红绿疣猴 [45]（张鹏摄于乌干达）　　　捕食者：黑猩猩（Ohashi摄于坦桑尼亚）

[45] 红绿疣猴（*Procolobus badius*）是非洲食叶猴的一种，栖息在非洲中部和西部的沿河森林。
为了消化粗纤维，其胃部的构造如草食动物般分为四室，有反刍功能。

[38] 夸夸我的好邻居！

猴博士：

您好。看了上封信，我很同情红绿疣猴的处境。我是一只戴安娜叶猴，我们这里社区环境非常好。我们和长尾猴类、疣猴类相互合作，一起活动，很少有冲突。借此机会夸夸我的好邻居们。您可以把我们这里的生活模式给其他地区推广一下，也许对他们有所帮助。

一只善于沟通的戴安娜叶猴

来自坦桑尼亚

戴安娜叶猴与邻里之间的关系堪称灵长类中的典范！灵长类种间的关系一般是相互敌对或者相互漠视，但是戴安娜叶猴、长尾猴类和疣猴却可以混群生活。这样混群的形成不仅与食性有关，也与栖息地环境、灵长类对环境的认识和认知能力等因素有关。这种现象也出现于新世界猴的一些种类中。猿猴混群主要可能有以下几个原因：

混群是一种随机现象？不同种类混群是无意识的随机现象，出现几率与随机分布几率相似，虽然可能存在食物竞争，但是与其花费精力和时间驱逐对方，不如集中精力获取自己的食物。为了了解两个不同种类随机相遇的几率，研究者计算了一些猿猴种类的分布密度、平均移动速度、合流距离、合流时间等方面的因素，发现这些种类相遇几率与随机分布几率相似，推论研究种类的混群行为是无意识的随机现象。

混群是为了减少捕食压力？群内个体数量增多，监督共同捕食者的个体也会增加，因而减少了遭到捕食者袭击的危险。尤其是对疣猴等性竞争较强的种类，群内只能允许一只雄性和少量雌性，这样选择与其他种类混群在不增加性竞争和取食竞争的同时，可以扩大群内个体数量。不同种类

—— 西非尖爪丛猴　　　—— 树熊猴

—— 倭丛猴　　　　　　…… 金熊猴

---- 阿氏婴猴　　　　　▨ 果实集中处

混群物种相互错开移动和取食路线（图片资料来源 Richard AF (ed.). *Primate in nature*. 1985. New York: W.H. Freeman & Company. P395）

逃避的路线不同，可以造成混淆捕食者的混乱效果。

混群是为了增加取食效率？ 南美洲亚马孙流域的不同种狨猴合流形成较大混群，有利于减少监视捕食者的时间，增加取食时间，或有利于抵抗

[46] 黑白疣猴（*Colobus polykomos*）面部的毛像络腮胡，臀疣小，尾长，颊囊小，拇指已退化成一个小疣，故名疣猴。具有复胃结构，可以消化树皮和树叶。栖息于热带丛林中，或接近草原的树林中，主要吃植物的嫩芽和叶，同时也吃野果和谷物。每群9～13只不等，由成年雄性率领，用洪亮的声音来保卫领地。动作敏捷，能在树枝之间做长距离的跳跃。由于毛皮漂亮，遭到人类捕杀，种群数量受到严重威胁，非洲各国已把该物种列为珍贵保护动物。

黑白疣猴[46] [左] 与绿猴[47][右]混群生活（张鹏摄于乌干达）

[47] 绿猴(*Chlorocebus aethiops*）又名绿长尾猴、灰草原猴。生活在靠近河和溪流的热带草原地区，喜在多树的地方活动，成群生活。主食植物，也吃小动物。寿命约18年。

附近同类种群和掠夺对方资源。混群可以将更多的昆虫惊蛰而出，利于灵长类捕食；混群可以共享食物分布、成熟季节等有用信息；也可以将自己不喜食的果实、种子震落到地面，便于下层活动的种类取食。

第四章

性爱与繁殖

性爱是生命中最麻烦的事，却又是最吸引人的事。为了繁衍成功，他会不遗余力地获取她的青睐，而她会反反复复地说服他一起养育孩子。由于这些利益与冲突，配偶之间有时会胜似亲人，而有时则会变为仇敌。这些性与繁殖的故事是我们必须要经历的。

为什么老公不爱孩子?

亲爱的猴博士:

您好。告诉您一个好消息,我的宝宝出生了!这两天我的身体很虚弱,很希望孩子的爸爸能帮我照顾孩子,但是那个家伙到现在还没有出现过。难道他不想要我和孩子了吗?我听说负子蟾爸爸天天背着受精卵,精心照顾刚刚孵化出来的小宝贝。难道我们猕猴这么高等的物种,在这方面连蟾蜍都不如吗?如果您见到孩子的爸爸,请您告诉他,我和宝宝在等他回来。

一只刚刚有宝宝的日本猴

来自日本高崎山

恭喜你喜得贵子!你这几天注意休息。不过,你还是不要苦等孩子的父亲出现了。他是不会回来的,即使他回来也不会帮你照顾孩子。想开一点,很多哺乳类的父亲都是他这个样子。牛、狗、猫的孩子都是由母亲一手带大的,甚至不知道父亲是谁。人类制定了自然界绝无仅有的法律,规定男人有抚育孩子的义务,即使离婚也要继续承担抚养义务。人类不得不这样做,因为孩子的成长历程太漫长,必须要父亲和母亲共同负担。

动物的父亲有着各种各样的表现。螳螂的父亲在交配的时候自愿奉献身体给配偶,雌性吃掉雄性增加营养,可以产生更多后代。蜜蜂的父亲在交配的时候因"睾丸"爆炸而死,留下精子在母亲体内。深海鮟鱇鱼的父亲退化成一个产生精子的"器官",完全寄生在母亲身体上。企鹅等海鸟的父母共同打拼,一起孵化后代。而负子蟾的父亲承担了所有孵化和育子任务,母亲则在外逍遥。

不管是父亲还是母亲都希望将自己的基因延续和普及下去,看到有更多的后代成活。但是在两性完成交配以后,他们就面临"该谁抚育这个受精卵"的问题。每个个体都希望自己继续寻找配偶、交配,产生更多的受精卵。但是如果他们都不对已有的受精卵有所付出,让受精卵自生自灭,会导致受精卵的成活几率很低。这种方式适合产卵成本低、可以大量生产受精卵的种类。例如昆虫和鱼类将受精卵放置在树叶上或者水中任其自生

等待父亲归来的日本猴母子
（张鹏摄于日本高崎山猿猴公园）

父亲与新生儿
（林娜摄于日本犬山市）

自灭，然后继续交配繁殖。

如果受精卵无法自己成活，例如鸟蛋需要被孵化，哺乳类的受精卵需要妊娠哺乳过程，在这种情况下，父母撒手不管就会导致后代全军覆没，交配也就毫无意义。为此，父母就需要花时间和精力照顾孩子。但是，父母亲谁去照顾孩子，还是父母一起照顾孩子呢？这取决于三个主要因素：对于受精卵的投资比例、选择机遇和对父权的信心。

1. 为受精卵投资了多少

雌性和雄性生产卵子（或精子）消耗的能量不同。例如，母鸡生产一颗卵子（一个鸡蛋）所花费的能量比公鸡生产一颗精子大得多，因为鸡蛋大小是精子的一亿倍。从博弈角度来说，母鸡既然在受精卵中已经投入了较高的成本，如果不去管它，那么其成本收益率会很低，甚至归零。而如果它再投入一些精力成本，就能够大幅度提高后代成活率的话，那么总的成本收益率反而会提高，因此母鸡会选择进一步为受精卵投资，并演化出孵卵、育子等母爱的本能。

猿猴的卵子也比精子大100万倍左右。母猴生产卵子的数量有限，为了保证投资收益，母猴愿意承担养育子女的责任，并形成了单独抚养后代的能力。公猴是否参与抚养对后代的成活没有什么实质性影响。他们基于本身利益的考虑，愿意把更多的精力投入到争取交配机会，使更多雌性受孕。这样做更有利于雄性提高繁殖成功率。

黑猴交配三部曲之一，雌性
向雄性邀配（Watanabe 摄
于苏拉威西岛）

黑猴交配三部曲之二，雄性对雌性发
情程度进行检查（Watanabe 摄于苏
拉威西岛）

黑猴交配三部曲之三，完
成交配和射精（Watanabe
摄于苏拉威西岛）

如果单亲妈妈无法养活后代，后代就会面临全军覆没的危险，那么雄性靠多交配取胜的策略也没有任何收益。他必须与配偶一起照顾后代。很多鸟类雌性负责孵卵，而雄性则为雌性带来食物或者交替孵卵，在食物短缺时，雄性自己饿着肚子也要先把雌性喂饱。雄性此时离开配偶是最愚蠢的行为，因为雌性也会将这窝卵弃之不顾（保证自身存活），导致双方繁殖的功效归零。于是，雄性演化出了一种尽力照顾自己配偶的本能欲望，而雌性也同样产生了一种对雄性的强烈依赖感。

灵长类中驯狐猴属、领狐猴属、夜猴、伶猴、门岛叶猴和长臂猿等都形成了一夫一妻的社会，配偶共同育子和保卫领地内的生活资源。旧世界猴中的德氏长尾猴等都形成了这种社会形式。小型的狨甚至形成了一妻多夫的社会，因为雌性每次繁殖的都是双胞胎，胎儿是自身体重的三分之一，雌性的育子压力过重，需要两个雄性协助养育。人类育子难度非常大，单身妈妈的子女死亡率很高，所以形成了丈夫协助共同养育的婚配模式。即使现代社会有保姆等方式协助育子，父母共同养育仍然是稳定的育子方式。

2. 我还有其他繁殖机会吗？

交配产生受精卵后，雌雄性都需要考虑如何提高自己的繁殖成功率。对体外受精的青蛙配偶来说，雌雄自卵受精后都可以自由寻求新欢，两性的繁殖机会一样。90%的鸟类是一夫一妻的。对卵生的鸟类来说，雌鸟虽

[48] 棉顶狨（*Saguinus oedipus*）是一种小型的狨科动物。最大的特色就是那一头蓬松的白色长发，像印第安酋长一般，因此得名。主要分布于哥伦比亚的热带森林边缘，树栖性，白天活动。以水果、昆虫、新鲜树叶为食。

一妻多夫的棉顶狨[48]（张鹏摄于日本京都大学）

雄鸟

雌鸟

[49] 彩鹬（*Rostratula benghalensis*）栖息于平原、丘陵和山地中的芦苇水塘、沼泽、河渠、河滩草地和水稻田中。生性隐秘而胆小，多在晨昏和夜间活动，白天多隐藏在草丛中，受惊时通常也一动不动地隐伏着，直至当人走至跟前，才突然飞起，边飞边叫。留居于我国西南和沿海地区，在国外，分布于非洲、马达加斯加、东南亚和澳大利亚等地。

一妻多夫的彩鹬[49]

然形成卵子的代价高，但是可以选择由雌性或雄性孵卵，保持两性对后代的投资平衡。三趾鹬及彩鹬等甚至形成一雌多雄的婚配。雄性负责孵卵和育雏，而雌性只负责产卵，然后再去找其他雄性交配产卵。由于雌性的繁殖机会更高，三趾鹬及彩鹬的雌性比雄性更加艳丽、好斗。几个雌性经常追打1公里，只为争夺一个雄性。

仅3%的哺乳类是一夫一妻的。哺乳类的繁殖模式与上述动物不同，雌性繁殖周期长，需要经历交配、怀孕和哺乳的过程。例如黑猩猩雌性的生产间隔是5年，在此期间雌性不可能再生育，与雄性交配没有遗传利益。换言之，他们在此期间为育子投入精力是没有损失的。而雄性的繁殖周期超短，例如黑猩猩雄性每天可以交配10余次，每次射精数量达到几亿颗，与一个雌性交配后，很快可以再与其他雌性交配，创造更多的子代。换言之，如果雄性埋头育子，可以保证一个孩子存活，却失去生产更多孩子的机会。这种专一雄性在繁殖竞争中会被淘汰。

3. 这个孩子是谁的?

动物都愿意养育自己的亲生后代，为他/她付出其所有的时间和资源。但是如果这个孩子不是亲生的，那么就是"自掘坟墓"，花费了自己的所有资源帮助竞争者延续了基因，自己的基因功效却归零。父母都不希望被偷梁换柱，无故养育别人的孩子。

哺乳类雌性不必担心偷梁换柱的问题。因为妊娠、产子和哺乳的过程保证了母子间的血缘关系，女性基本上没有必要做亲子鉴定。

然而，雄性在这方面有天生劣势。由于体内受精的繁殖模式，雄性只知道精子进入了雌性体内，但是无法确保进入受精卵的是自己的精子还是其他雄性的。现实中，雄性养育非亲生子的现象也屡见不鲜。近年来做过亲子鉴定的人类父母中，20%的孩子不是父亲亲生的。面对这种无法避免的不确定性，雄性照顾子女成为一场赌博。于是，减少对每一个子女的付出、倾向乱交、增加配偶数量，成为很多哺乳类雄性较稳妥的进化策略。

你信中说到负子蟾雄性主动照顾孩子的事情，是因为负子蟾是体外受精的动物，雄性可以亲眼看见自己的精子覆盖在卵子上，基本保证了父子的血统。事实上，体外受精的鱼类和两栖类的雄性育子比例明显高于哺乳类。

谁是雄性们喜爱的灰姑娘？（1）

猴博士：

您好。我是一只少女日本猴。我最近刚刚开始发情，特别容易被身材高大，社会地位高的雄性吸引。我曾经主动地靠近我的白马王子，向他们发出邀请，甚至主动地邀配。但是，他们对我非常冷淡，看都不看我一眼。我年轻貌美，从来没有感到这样屈辱过。我怎样才能得到白马王子们的宠爱？

失意的"灰姑娘"日本猴
来自日本小豆岛

一枝独秀的年轻日本猴雌性（张鹏摄于日本小豆岛）

老妻少夫的日本猴交配过程：守护、交配和离开（张鹏摄于日本小豆岛）

　　我已经收到好几封这样的来信了。你不用特别沮丧，猿猴的年轻雌性一般都得不到雄性们的青睐，甚至主动投怀送抱都不会成功。那么什么样的雌性是雄性们的灰姑娘呢？你有没有发现雄性的眼珠总是跟着带子女的中老年雌性。到排卵期的时候，雌性会出现脸部和阴部潮红的征兆。发情的中年雌性们会引起群内雄性们的追捧。高地位雄性紧紧尾随中老年发情雌性个体，驱赶试图靠近的其他雄性，而其他雄性会在附近尾随，寻找与发情中老年雌性交配的机会。显然，**猿猴雄性最喜欢发情的中老年雌性**。

　　为什么雄性们不喜欢发情的年轻雌性呢？我也一直有这样的疑虑，直到有一次我亲眼见证了年轻雌性黑猩猩的生产过程。京都大学的一只年轻黑猩猩到了预产期，可能会在晚上或凌晨生产。因为是初产，我在她的房间里安装了红外线摄像机。凌晨4点多，年轻妈妈发出轻微的声音，手不停地拍着墙壁，似乎有些紧张。不久羊水流出，露出了婴儿头部。顺利的话，她应该自己用手托住孩子，咬断脐带，清理污垢，并把孩子抱在胸前，让孩子吸奶。

　　但是这位年轻妈妈的举动让我感到非常惊讶。就在生出孩子的一瞬间，她逃离了现场，将孩子连着脐带拖在后面。为了保护婴儿，我们不得不采取紧急人工哺育的方式，暂时隔离母子，剪开脐带和清理婴儿身上的污垢。第二天，看到年轻妈妈的情绪恢复了，我们将婴儿尽快还给她。但是，她拒绝哺乳婴儿，甚至出现拖拽和轻咬等虐待婴儿的行为。观察一段时间后，我们不得不又把孩子带入人工哺育房间。这虽然是一个特例，但是初产雌性拒绝哺乳和虐待婴儿的现象明显比经产雌性多。

年轻雌性黑猩猩〔张鹏摄于日本京都大学〕

　　野生猿猴的婴儿死亡率高达30％，尤其是初产雌性的新生儿死亡率是经产雌性的2倍以上。此外，年轻雌性往往仍处于青春不孕阶段，即使交配也无法受孕，对雄性来说是费体力而没有结果的繁殖对象。相比之下，猕猴雌性可以终身生育，所以中年雌性的繁殖能力并不逊于年轻雌性。中老年雌性带着幼崽表明自己产子成功、是有成功育子经验的个体。这样的个体有利于保证雄性基因的延续，是雄性首选的繁殖对象。

　　人类男性普遍具有少女或处女情结。（当然老公一般都会说"老婆，你比那些年轻女孩子好多了"，"我不喜欢太年轻的女孩"，云云。但是我们不难发现，男性离婚以后，下一任老婆一般都比其前妻要更年轻。在可以选择的条件下，男性会选择年轻的女性。）人类的繁殖特点与其他动物不同。女性并非终生繁殖的，更年期后就会停止排卵。一个40岁的女性只有10年的繁育时间，而一个20岁的女性有30年的繁育时间。年轻女性的繁殖潜力更大。此外，在难以确保父子血缘关系的古代，男性倾向于通过迎娶处女配偶，来保证自己与后代的血缘关系。人类社会普遍存在的老夫少妻、处女文化等，其深层因素也同样与男性的繁殖策略有关。

谁是雄性们喜爱的灰姑娘？（2）

猴博士：

您好。感谢您的耐心解释，原来人类男性也会竞争配偶。这个现象好有趣，那您是从哪里看出来的？

失意的"灰姑娘"日本猴

来自日本小豆岛

举个例子吧，在人类吉尼斯纪录中，男性繁殖最成功的是摩洛哥皇帝穆莱·伊斯美尔。他娶了上百位老婆，生下867个孩子。但这并不表明他的繁殖能力比其他男性强，而是因为他娶了100多位妻子。成年男性每次射精排出的精子数目超过2亿颗，每月排出的精子数量超过20亿颗。由于男性与女性在繁育后代的过程方式不同，没有怀孕或哺乳的过程，所以男性对每个后代的投资明显小于女性，对后代的投入一般是保护、游戏、提供生活资料等间接方式。**限制男性繁殖能力的主要因素是女性配偶的数量，理论上来说男性拥有的配偶数量越多，其繁殖成功率越大。**

男性间的繁殖竞争。基于这种繁殖特点，世界上不论哪里的皇帝、君主或当权男性都希望娶到更多的妻子。世界上近80%的国家和地区仍然承认或实施着一夫多妻的婚姻制度。虽然我国和一些基督教国家在法律上禁止一夫多妻婚姻，但实际有钱人供养情妇和婚外情等一夫多妻现象也屡见不鲜。此外，由于男女繁殖策略的不同，男性间的性竞争明显比女性间的更加激烈，更容易为了竞争异性而爆发冲突。男性择偶条件和择偶范围较女性的更宽，例如男性存在与动物交配的奸兽行为，而女性一般不会有奸兽行为。男性婚外性行为频率和对象数目都明显高于女性，男性同性恋现象也比女性更普遍。这些差异现象出现于世界各地的文化圈，反映了男女繁殖方式的差异。

男性对配偶的管理。男人天生怀疑自己与子女的血缘关系。几乎在所有人类社会中，丈夫都比妻子更关心如何管理对方的性活动，并产生很多变态的管理妻子性行为的方式。例如，中世纪欧洲男人发明带锁的内裤式贞操带，将贞操带锁在妻子身上可以放心地长时间外出工作。伊斯兰国家禁止已婚女性单独外出购物，非洲、中东一些国家出现切除青春期女孩阴

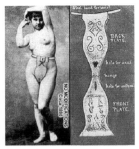

[50]在摩洛哥，沙里夫王朝的最后一个君主穆莱·伊斯美尔(1646~1727)，在1703年就已经有了525个儿子和342个女儿，到了1721年，竟然号称拥有700个嫡系子孙，堪称世界之最。

摩洛哥皇帝穆莱·伊斯美尔[50]

男性管理女性性行为的极端方式，例如贞操带[上]，裹足[下]

蒂的女性割礼文化，认为割礼后女孩子就不会背叛丈夫。在我国封建社会，皇帝后宫里有宦官会专门记录嫔妃的月经周期，便于管理嫔妃的繁殖行为。此外我国古代的女性裹足，非洲古布干达国的后宫嫔妃肥胖等文化，都是男性限制妻子活动和性行为的管理方式。而女性对配偶性行为的管理则少得多。

　　从生物学角度来看，出轨给夫妻双方带来的风险不同。妻子出轨的结果，可能生下与丈夫没有血缘关系的子女，导致丈夫花费其一生的精力和财产养育了情敌的后代，直接降低了自己的繁殖适合度（尤其是现代社会中子女数目较少的，影响可能更大），所以丈夫本能地更加反对妻子出轨。相对而言，女性繁育后代的过程方式与男性不同，怀孕哺乳的过程可以确保母亲与子女的血缘关系，不受丈夫出轨行为的影响。但是丈夫的出轨可能导致对家庭子女照顾减少，家庭财产等生活资料流失到第三方等问题，这样会降低妻子所生子女的生活条件，影响妻子的繁殖成功。由于风险较小，所以女性会反对丈夫出轨，尤其反对丈夫将家产分给情人，但是女性对配偶的性监管没有男性的强。可以看出，男女所具有的不同的繁殖特点，从而产生对配偶性行为态度的差异。

　　男女两性对性行为有着迥然不同的态度，其生物学基础就是男女繁殖模式的差异。值得注意的是，这里仅限于从生物学繁殖策略角度的解释，如今人类社会已经发展到较高的水平，具有系统的社会伦理和文化传统，**所以人类性行为并不仅局限于繁殖意义，也需要同时考虑当时当地文化因素的影响。**

谁是雌性们喜爱的白马王子？（1）

猴博士：

您好。我是一只屌丝雄性黑猩猩，集穷、矮、丑于一身。我生活在社会最底层，基本上不会有成功的希望。但屌丝也会怀春。我曾经追求过几位姑娘，但都没有成功。我最大的愿望就是能够和一个白富美谈恋爱。您知道姑娘们喜欢什么样的雄性吗？

一只"猴"生失败的雄性黑猩猩

来自坦桑尼亚

雌性喜欢什么样的雄性？凭着你前几次的失败，你应该已经感觉到了，雌性一般有两个主要的择偶标准：

1. **她会选择地位高的雄性**。因为这种雄性不一定是年轻和体型最大的个体，但他却掌握较多的生活资源，有更好的保护后代的能力，有利于提高雌性的繁殖成功率。

2. **她会选择外来雄性**。因为这样可以避免近亲繁殖和提高后代基因多样性。有些发情黑猩猩雌性会主动靠近在附近徘徊的外来雄性，或者暂时移居到相邻群内，怀孕后再回来。新生儿亲缘关系分析数据表明黑猩猩雌性在群内生活，但是其所生后代的很大比例不是本群雄性的。

屌丝黑猩猩雄性（Ohashi 摄于坦桑尼亚）

雌性喜欢地位较高的雄性
（张鹏摄于日本屋久岛）

雌性喜欢选择外来雄性
（张鹏摄于日本屋久岛）

　　你可能觉得雌性这样太世俗，但是既然这是普遍现象，就有其深层原因。这个原因就是：雌性与雄性繁殖模式的差异（详见4.1 为什么老公不爱孩子）。我们以人类为例：人类母亲生育子女数量的吉尼斯纪录是69个孩子，是由一位莫斯科妇女创造的（她频繁生育双胞胎和三胞胎）。一个女人生下69个孩子，这个数字让人咋舌。但是这个数目还不到男性纪录的10%。

　　人类母亲对子女的付出远远大于父亲。女性繁育需要经历几年的妊娠期和哺乳期，耗能巨大。传统社会的哺乳期女性，哺乳婴儿一年以上，每十五分钟哺乳一次，每天耗能仅次于马拉松选手。孩子完全独立生活要到十几岁以后。所以女性的繁育周期比男性长得多，对每个后代的投资也比男性大得多。

　　每个女性生产的子女是非常有限的。非洲传统狩猎采集部落的女性生育间隔一般在4年左右，从16岁初次怀孕生育到40岁的平均寿命，24年间平均生产6个子女。其中大约一半左右的子女死亡，这样每个女性平均能够将3个子女养育成人。在现代社会，由于女性普遍用奶瓶喂养孩子，或者隔几个小时才哺乳一次，女性产后几个月就可能恢复月经和再次受孕。尽管如此，现代女性也很少在一年内连续繁殖，一生可能生育子女的数量非常有限，很少超过12个。

　　与男性不同，女性繁殖成功度（子女数量）与配偶数量无关，嫁给十个丈夫并不意味着子女数量会增加十倍，反而会因处理复杂的夫妻关系而耗费精力。女人每一次生育都会有生命危险，还要消耗巨量的精力和时间养育孩子。所以，她们非常重视选择高质量或高地位的男性配偶，提高自己及子女的生活条件，这样才能够有效保证每个子女的质量和存活率，有利于其自身的繁殖成功。这一性选择特点在猿猴和人类中是共通的。

谁是雌性们喜爱的白马王子？（2）

猴博士：

　　您好。收到您的回信很高兴，可是按您说的雌雄繁殖模式理论来看，我这样的穷屌丝岂不是没希望了，我怎样才能吸引到那些可爱的姑娘们？请尽量说得具体些，操作性强些。

一只"猴"生失败的雄性黑猩猩

来自坦桑尼亚

　　告诉自己，不能泄气，还有机会。黑猩猩雌性有交配的决定权，会主动吸引喜欢的雄性交配。他们的性关系是相当混乱的，一天内最多会与5只不同的雄性交配。例如在坦桑尼亚拱北保护区的野生群（简称拱北群）中有一个名叫霏霏的雌性会通过抚摸雄性的阴茎、俯在雄性的身边轻轻呻吟、显示阴部等技巧来引诱雄性。阿纳姆公园的一只叫"茶"的中年雌性，超喜欢青年屌丝雄性"马斯"，在14分钟内他们交配了7次。黑猩猩的性行为不仅仅是繁殖行为，也是一种社交行为。屌丝当然可以吸引到可爱的姑娘，但是你需要具有一定的技巧，同时倍加小心那些高等级雄性。很多屌丝雄性为了获得交配机会，被打成了残废。下面告诉你一些实用技巧，这些可都是制胜的法宝。

　　1. **需要遵守社会规范，见机行事**。黑猩猩社会中，领导雄性具有绝对权威，可以独占发情雌性，拥有80%左右的交配行为。见到发情雌性，他会用树枝扫地，手掌扣地面等方式吸引雌性的注意。他当然不会忘记驱赶你们这些想靠近发情雌性揩油

倭黑猩猩的交配行为　（Furuichi摄于刚果共和国）

雄性日本猴吸引远处雌性
（张鹏摄于日本小豆岛）

狒狒雌性回避领导雄性，靠近群外雄性
（网络图片）

的屌丝雄性。这时候，你一定要忍气吞声，等待机会。等到领导雄性休息时，你就会有机会和雌性偷情。特别是当群里几只雌性同时发情，领导雄性分身乏术，无法独占所有发情雌性时，你们就会有更多与发情雌性交配的机会。

2. **需要温柔耐心地吸引雌性**。领导雄性在吸引雌性时会大喊大叫地造势，唯恐周围不知。但是屌丝雄性遇见发情雌性时千万不能大叫，那样只会把其他雄性喊过来，引起不必要的麻烦。屌丝雄性获得雌性是需要一定技巧的，特别是要采取隐蔽的求爱方式。

你可以直视雌性，同时做一些轻柔而有规律的动作，暗示对雌性的爱慕，例如可以轻晃树枝，轻摇手中的树叶，将树叶反复地撒向地面，用后脚跟反复轻磕地面，或者干脆分开双腿露出勃起的阴茎。这些都是屌丝雄性吸引雌性注意的惯用方法，你可以借鉴。

雌性看见后自然心领神会。她们也需要考虑如何甩开领导雄性的监视，所以她们也不会径直朝你走来，而是先装作漫无目的的闲逛，然后瞅准机会躲进林子里，等你过来。接下来就是你们在树林里的幸福时光了。雌性与不同雄性交配时的反应也不同。阿纳姆公园的雌性与领导雄性交配时会发出高昂的呻吟声，而与屌丝雄性偷情时则只做表情不发声音，避免让领导雄性听见引来不必要的麻烦。这种方法屡试不爽，狒狒等其他猴子也这么做。

3. **需要回避近亲繁殖**。 黑猩猩需要回避近亲繁殖。不管你怎样性饥渴，也一定不要去勾引自己的母亲或姐妹等近亲，否则会被黑猩猩社会耻笑。拱北群的法罗在发情期间虽然与群内几乎所有雄性交配了，唯独回避了与自己性成熟的两个儿子交配。有一次儿子试图与母亲交配，却被母亲一把抓下赶走。黑猩猩也会回避兄弟姐妹间出现交配行为，只是没有母子间回避（父女间回避）那么严格。拱北群频繁出现兄妹间乱伦的现象，大多归咎于哥哥主动追求妹妹。姐弟间乱伦的现象较少，而且弟弟也很少主动追求姐姐。

4. **需要定期进行恋爱旅行。** 恋爱旅行是黑猩猩维持配偶关系的重要行为。一只雄性会和一只或数只雌性配偶离开群体一段时间，跋涉到其他地方。他们可能会离开几天，或是离开2~3个月。领导雄性很少恋爱旅行，因为担心失去在群体中的地位或者错过发情雌性。而屌丝雄性比较喜欢恋爱旅行，那是同配偶对共同生活的向往的结果。和偷情不同，恋爱旅行长达2~3个月，大部分时间里雌性处于性休止期（雌性的发情期最长是2周），配偶们间会建立相互依赖的关系。旅行归来的雄性可以平静地回到群内。通过问候行为，雄性可以恢复与成员间的关系。黑猩猩恋爱旅行表明父系多夫多妻社会有可能分离出一夫一妻的配对关系。黑猩猩在旅行中形成了稳定的配对关系和开放的社会群，可能暗示了家庭社会出现的雏形。

5. **性行为不仅仅是为了繁殖，也是一种社交手段。** 黑猩猩有合作狩猎和分配食物的习惯。在每一次成功的捕猎之后，高地位雄性开始着手分配珍贵的肉食。雄性主要将食物分给自己的近亲、高地位雌性，另外给他交配过的发情雌性分配的肉量是其他雌黑猩猩的两倍。雌性黑猩猩会通过性行为换取领导雄性的青睐，从而获得更多的肉食。屌丝雄性也会申请获得肉食，但是最多能得到一些没有肉的骨头或皮毛。

在南美洲、非洲和亚洲的狩猎采食部落中，狩猎技巧高的男性妻子更多、更年轻，而且其孩子存活率较高。这些技巧高的男性在族群中的政治地位也较高。女性选择地位高的男性，可以保证自己和孩子受到最好的生存待遇。即使在现代社会，有权力和掌握资源的男性一般也拥有更多靠近女性的机会。

倭黑猩猩雌性间的同性性行为
（Furuichi摄于刚果共和国）

恋爱旅行中的一对黑猩猩
（Ohashi摄于坦桑尼亚）

"性皮"丑陋还是美丽?

猴博士:

您好。我是一只洁身自好的雌性豚尾猴。平时很注意卫生,也从来不会出去鬼混。但是最近,我的阴部皮肤莫名其妙地红肿起来,而且肿得很厉害,甚至没有办法正常坐着。这是性病吗,还是肿瘤?我的生活因此乱成了一团。我该怎么办?

一只坐立不安的豚尾猴
来自泰国

别担心!你没有得病,而是发情了。我反而要恭喜你,赶快去找你的白马王子吧。

你红肿的阴部又叫性皮,是亚成年和成年雌性的肛门和外生殖器附近表现为充血肥厚的皮肤。在雌性排卵期附近,性皮的肿胀程度会达到峰值。性皮的肿胀程度受性激素的影响,在月经周期的前半期,明显的水肿样肥大可持续数日,但可随排卵而退缩。年幼个体被注射动情素时,也可能出现性皮发育。**在灵长类中,性皮仅出现于部分猿猴种类,如狒狒、黑猩猩等。除了雌性以外,一些种类的雄性也存在性皮。**

性皮的意义是什么?

①明确表明雌性的排卵期。对野生动物来说,交配行为伴随着被捕食和被攻击的危险,明确的排卵信号有利于提高受精效率,减少危险和减少能量损耗等进化意义。不过人类不具备明确的发情期,即使女性自己也无法明确排卵时间。

②增加雄性竞争,提高雌性选择能力。明确的排卵期和肿胀的发情标志,毫无疑问是对雄性最大的吸引。一般只有多雄多雌混交种类才有性皮,雌性可以坐山观虎斗,选择与较强的雄性频繁交配(见"灵长类阴部性皮的进化系统图")。

人类也有性皮吗?

人类女性也依靠视觉吸引男性。直立姿势下,女性面部是最容易被关

[51] 豚尾猴（*Macaca nemestrina*）又被叫作"平顶猴"
或"猪尾猴"，因头顶平而有一毛旋，尾巴形似猪尾
巴而得名。成群生活在阔叶林中，经常在地面活动。
是我国一级重点保护动物。分布于云南和西藏，以及
印度、泰国、缅甸、马来西亚、印度尼西亚等国。

雌性豚尾猴[51]的性皮
（Watanabe Kunio摄于印度尼西亚）

阴部性皮（左图黑猩猩，Ohashi摄于坦桑尼亚；右图日本猴，张鹏摄于日本屋久岛）

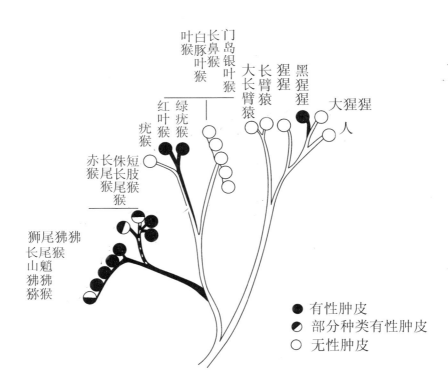

灵长类阴部性皮的进化系统图（张鹏制图）

注的位置，所以女性面部会有很多装饰。胸部也是很容易被关注的位置。和其他灵长类雌性相比，人类女性的乳房占身体的比例最大。乳房虽然是哺乳器官，但是其大小与女性的乳汁分泌能力无关，也与身体代谢关系不大，其90％的成分是脂肪。女性隆起的胸部是吸引男性的强烈视觉信号，可以说是人类女性持久的性皮肿胀。性皮，美丽还是丑陋？如果男人觉得女人的乳房秀色可餐，那么雄性猿猴也一定无法抗拒雌性肿胀性皮的魅力。

猿猴家书

难以启齿的事（1）

猴博士：

您好。我有一个难以启齿的问题，这个问题困扰了我很多年，让我一直抬不起头。今天我鼓足勇气写这封信，希望能够为我解惑。我已经成年了，体重也有150公斤，但是我觉得自己的性功能不行，我的阴茎长度只有3~4厘米长，射精量也很少。我最近有了女朋友，却不敢和她亲热，因为担心她会笑话我的性能力太差。我如何才能够解决这个问题呢？

一只自卑的大猩猩

来自刚果山地

感谢你的信任。你完全不用担心你的身体，因为你的情况在大猩猩中是正常的，不会影响你们的生育和性生活。下面我告诉你一些猿猴性能力方面的信息，供你参考。

睾丸的功能

睾丸是重要的雄性性器官，主要的功能有：①制造精子；②生成雄性荷尔蒙；③区别雌性和雄性，吸引异性等。

从进化来看，睾丸是在哺乳类出现以后进化出来的性腺器官。鱼类等古老动物不需要外露的睾丸，其产精器官在体内，交配时精子和卵子被排入水中体外受精。精子活动的最适宜温度一般要低于体温4~5度。这样哺乳类动物恒定的体温反而不利于睾丸产生精子。人类胎儿在发育的过程中，睾丸开始一直在体内肾脏附近，随后睾丸逐渐降低并落入阴囊。睾丸在子宫里的变化恰好也是变温动物向恒温动物长期进化的一个缩影。

大多数灵长类存在发情期和非发情期。日本猴成年雄性

雄性大猩猩（Matasubara Miki 摄于荷兰阿姆斯特丹动物园）

倭黑猩猩雄性生殖器发达　　　　日本猴通过手淫释放过多的精子
（Furuichi 摄于刚果共和国）　　　（张鹏摄于日本小豆岛）

的睾丸在发情期间落入阴囊内，产生精子，而在非发情期睾丸会被收入体腔，停止产生精子，睾丸内的组织变硬和缩小，最后只有发情期时三分之一左右的大小。大猩猩的睾丸大小也存在季节性变化。然而，人类常年处于可交配状态，睾丸一直留在阴囊内，保证随时都可以产生精子。

睾丸的大小

各猿猴种类的雄性睾丸大小比例与繁殖模式明显相关。黑猩猩生活在多夫多妻群内，雌性排卵期时出现阴部潮红肿胀的现象，吸引群内不同雄性们前来交配。雄性产出精子量越多，繁殖成功的几率越大。黑猩猩雄性为了能够提高受精雌性的比例，一天可以射精50次左右，每次射精量达到2~4毫升。睾丸大小决定了制造精子的能力，黑猩猩睾丸重量为120~160克，是人类的四倍以上。精子活动时间也明显比人类的更长，提高了精子间竞争能力。猕猴也生活在多夫多妻群内，雄性产生过多的精子，精液可以在雌性体内快速凝固形成精液栓，堵塞雌性生殖器官，一方面防止精液流失，另一方面可以防止其他雄性的精液进入雌性生殖器内。

相比之下，大猩猩生活在一夫多妻型社会，雄性可以独占雌性，繁殖成功率与生产精子数量无关。所以雄性大猩猩虽然体重达到200公斤，但是睾丸重量仅为黑猩猩的十分之一，即15~30克，一次射精的量也只有0.1~0.5毫升。大猩猩输精管排列疏松独立，不像黑猩猩睾丸中输精管排列那么紧密。在一夫多妻型种类中，雄性繁殖成功的关键是如何垄断更多雌性配偶，保证自己的繁殖地位。一夫多妻型哺乳类普遍具有明显的性二型性，例如，海象雄性比雌性重8倍以上，高地位雄性占有10~80个雌性。金丝猴雄性比雌性体型大一倍以上，背部有威武的长毛，通过强大的战斗力排斥雄性竞争者，占有雌性配偶。

其他猿猴也有这种趋势，例如山魈是一夫多妻型种类，雄性睾丸较小但体型魁梧；与其近缘的草原狒狒是多夫多妻型种类，雄性睾丸较大但与雌雄体型差异小。长臂猿等生活在一夫一妻型繁殖系统的种类，其睾丸比例最小，反映了只有一个繁殖雄性时，雄性间性竞争较小，雄性生殖器官相对较不发达的特点。

人类的性能力与繁殖模式

图中总结了灵长类繁殖系统和形态特征的数据，说明人类的以下繁殖特征：

① 从性二型性来看，现代人男女的体型比例为1.1左右，明显低于一夫多妻物种，而接近于一夫一妻的类型。

② 现代人男性也没有绚丽的体表色彩等特征，说明性选择和雄性间性竞争不如一雄多雌种类那样明显。

③ 现代人睾丸大小35~50克，睾丸与身体比例明显小于多夫多妻（混交）种类，而接近于一夫一妻型种类。但是值得一提的是，现代人的男性生殖器比例（阴茎的大小）是所有灵长类动物中最大的，这暗示了人类家庭并不是严格的一夫一妻模式，而是存在一定的性竞争。

由此，笔者推论**现代人最初的繁殖模式应该基本上是一夫一妻的，即存在一定比例的婚外交配现象。**你们大猩猩的繁殖模式与人类的不同，所以生殖器比例也相对比人类和其他猿猴的小一些。

灵长类的形态特征与繁殖系统

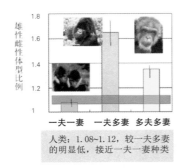

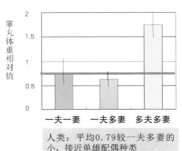

人类与猿猴形态特征与繁殖系统的比较（张鹏制图）

性　爱　与　繁　殖

难以启齿的事（2）

猴博士：

　　您好。我是一只雌性领狐猴，也有一个难以启齿的问题，不知当问不当问。我的例假很不正常，一年才来一次，而且每次的时间都很短。这样会不会影响生孩子？

"大姨妈"不正常的领狐猴

来自非洲马达加斯加岛

[52] 领狐猴（*Varecia variegata*）也叫黑白领狐猴，是领狐猴属两种狐猴之一。狐猴科中体型最大的一种猴，共有4个亚种。领狐猴产于马达加斯加岛东部的赤道雨林，身长60~75厘米，尾与身等长。在白天活动，其食物主要包括甜果、树叶、花、种子等。黑色的吻部相对突出，眼珠呈金黄色，尾巴亦为黑色。

雌性领狐猴[52]（张鹏摄于日本猿猴中心）

倭黑猩猩雌性手淫行为（Ohashi摄于坦桑尼亚）

　　猿猴的月经周期因物种而异，短的一个月一次，长的一年一个周期。例如人类女性和大型类人猿雌性的繁殖周期较短，月经周期为一个月，而领狐猴的繁殖周期较长，周期为一年，而且只有1~3天发情时间。所以你的情况也是正常的，不必担心。

　　猿猴一般只在发情期间交配，例如大猩猩雌性的月经周期为30天，而交配行为基本上仅出现于雌性最容易受精的1~2天，其他时间不会交配。而领狐猴的性行为则更受限制，一年里只有8~9个小时的交配高峰期。虽然其他时间也会有爬跨、检查性器等行为，而这些并不是性行为，是表示等级地位或友好的社会行为。

　　人类、猩猩和倭黑猩猩雌性的性行为非常特别，不仅交配频繁，而且在发情期以外都有性行为。这些种类都可以以面对面姿势进行交配或者进行口交，这与其他猿猴的背后交配姿势不同。人类和一些类人猿的性行为往往不是为了繁殖，很大程度上是为了满足心理的愉悦。

难以启齿的事（3）

　　人类女性的确会出现生理期同步的现象。例如，在大学女生宿舍里，住在同一个宿舍女生们原本有不同的生理期，但是住得久了她们的生理期会相互靠近。这种生理期趋同化的现象也出现在雌性黑猩猩身上，两只发情期不相同的雌性黑猩猩，在一起生活一段时间后，会在同一时间发情，出现性皮红胀。

　　这主要是因为心理的同步化影响了雌性黑猩猩/女大学生的性荷尔蒙周期，促使月经周期同步化。说明人类和大猩猩的性行为脱离性荷尔蒙的控制的趋势，而更受大脑活动的影响——尤其是人类出现了新大脑化，具有了语言交流能力以后。人类异性吸引的过程中，语言这种复杂的表达方式越来越重要。于是人类的性行为不再依赖于视觉、嗅觉等感官的刺激，逐渐失去了发情期，脱离了性荷尔蒙的控制，进入了受大脑指导的阶段。

　　其他猿猴很少出现生理期趋同的现象，因为猿猴性周期主要受性荷尔蒙的影响。例如，金丝猴的发情季节是每年的10月到12月，在此期间他们血液中性荷尔蒙的含量出现峰值，交配行为频繁。发情期的170天后，即第二年的3月到5月，幼崽集中出生，进入繁殖季节。在发情季节以外的时间里金丝猴的血液内性荷尔蒙含量较低，交配行为也较少出现。与此相似，人类的性活动也受性荷尔蒙的影响。卵巢分泌的性荷尔蒙一部分随血液回流入大脑，促使月经周期的出现。50岁左右卵巢分泌的性荷尔蒙不再回流到大脑，女性进入更年期。**有意思的是人类女性的性行为并不受月经周期的影响，这一点与猿猴不同。**

　　你不能简单地类比人类，建议你去医生那里检查一下。

[53] 黑白疣猴是非洲特有的种类，因为拇指退化成疣而得名，分为东黑白疣猴和黑白疣猴，区别在于后者的毛色较淡；此外，前者面部的毛像络腮胡，而后者的像长髯。由于毛色漂亮，遭到人们捕杀，现在已濒临灭绝。

黑白疣猴[53]（张鹏摄于日本猿猴中心）

[小知识]

现代女性的经期综合征

　　现代女性常常遭受月经期心理不安等心理困扰，可能与体内荷尔蒙失调有关。传统社会的人类女性和非洲类人猿雌性成年后就会怀孕生子，在妊娠期和哺乳期一般不会出现月经，哺乳期后很快又怀孕，这样月经在传统社会中是比较罕见的现象。只有在青少年不孕期间（第一次月经到初次怀孕的几年里），女性和类人猿雌性才会出现连续月经现象。与传统社会不同，现代社会女性采取多种避孕方法减少怀孕的可能，一生繁育子女的数量很少。由于生活观念和生活方式的急速改变，现代女性不得不面临持续的月经困扰，承受着传统社会妇女没有的心理负担。

为什么他比她还漂亮？

猴博士：

您好。我是国宝川金丝猴。人类喜欢我们一身金色的毛发，夸我们是世界上最美的猿猴。但郁闷的是，人们一般只给雄性金丝猴照相，冷落了我们这些雌性。人类女性很爱美，喜欢穿戴漂亮的衣服和精美的装饰。但是，为什么我们金丝猴雌性不如雄性漂亮呢？

爱美的雌性金丝猴

来自湖北神农架

其实很多动物的雄性比雌性漂亮，例如公孔雀有美丽的长尾羽，雄狮有飘逸的鬃毛，而雌性都缺乏这些特点。这些现象很难用自然淘汰解释，因为雄性孔雀的大尾巴明显不利于生存，而且自然选择应该使雌雄动物产生类似的性状。**性淘汰理论认为人类和动物毛色、毛长短、脸型和体型差异等受同性竞争和异性选择等性淘汰因素的影响。**

哺乳类的雄性为养育子女的付出普遍少于雌性，所以受性选择影响更大。为了驱赶其他雄性竞争者，雄性至少需要有两个得力的武器：强大犬齿和强壮体格。有了这两个武器，雄性可以有效震慑和击退竞争者。所以，雌雄犬齿和体格差异恰恰反映了性竞争的强烈程度。

一夫多妻种类的雄性间性竞争最激烈，雄性失败者将没有交配机会，

金丝猴雄性与雌性（张鹏摄于秦岭）

所以雄性平均体重是雌性的200%以上，犬齿长度也超过雌性2倍（性二型性最为显著）。金丝猴、山魈、长鼻猴和雄狮等美丽的外表正是激烈性选择的结果。一些一雄多雌种类甚至出现雄性杀死其他雄性的婴儿的现象，例如我国黑叶猴成年个体为纯黑色，而新生儿则全身金黄色。婴儿特有毛色可以增加母亲的保护意识，减少雄性杀婴的危险。

多夫多妻种类存在一定的雄性间性竞争，雄性平均体重是雌性的140%左右，雄性犬齿大于雌性（存在性二型性）。此外，黑猩猩雄性采取精子竞争的方式相互竞争。由于雌性可以和任何雄性交配，那么雄性产出精子量越多，繁殖成功的几率越大，所以黑猩猩睾丸的造精能力非常发达，黑猩猩的精子活动时间明显更长，性能力明显超过一夫多妻的大猩猩。与人类不同，黑猩猩和猕猴的精液甚至可以快速凝固，一方面防止精液流失，另一方面可以形成精液栓，防止其他雄性精液进入雌性生殖器。

单独生活和一夫一妻群种类的性竞争较少，懒猴和长臂猿雄性与雌性体型相似，犬齿大小差异不大（性二型性小），有时只有通过性器官才能区别公母。

雄性特征由于雌性选择而变化。例如金丝猴雄性背后的长披毛，猩猩雄性肿胀的面盘，山魈雄性鲜艳的脸谱，长鼻猴夸张的大鼻子等。但这些特征形成的过程仍不十分清楚。

为了更好地选择雄性，雌性也会"变身"吸引更多的雄性。黑猩猩和狒狒雌性红肿的生殖器、猕猴雌性红色的脸部和屁股等都是吸引雄性的方式。人类女性的乳房的大小和肿胀程度明显超出哺乳要求，可能也有类似于性皮的吸引功能。但是与其他灵长类的性皮不同，人类乳房持续肿胀与排卵周期无关。人类乳房的进化可能与特有的家庭关系有关，但是具体进化过程仍不得而知。

面部特征与性选择（图片资料来源 Kyoto University. *The Science of Primate Evolution*. 2007. Kyoto University Press. Kyoto）

[54] 山魈（*Mandrillus sphinx*）是世界上最大的猴。雄性体重可达30公斤，体长可达1米，雌性大约只有雄性一半大小。雄性面部色彩鲜艳的特殊图案形似鬼怪，且色彩鲜艳程度随着性成熟程度增加，因而人称山魈。圈养条件下寿命最多为25年。雄性凶猛，敢于和狮子对峙。分布于赤道非洲。

日本猴的睾丸比人类的大，反映了多夫多妻群内很强的性竞争（张鹏摄于日本小豆岛）

[55] 长鼻猴（*Nasalis larvatus*）分布于马来西亚和印度尼西亚。拥有灵长类中最迷人、最怪异的鼻子。人们至今仍然疑惑为什么这个种类会形成如此怪异的鼻子？有人说大鼻子是因为性选择的结果：雌性喜欢大鼻子的雄性，然后大鼻子雄性获得交配机会，产生更多大鼻子的子女。也有人说大鼻子是因为雄性回避竞争的结果：野生动物雄性身体的一部分特化变大或变鲜艳，有利于向其他雄性炫耀。大鼻子的雄性排斥了其他雄性，获得更多交配机会，产生更多的大鼻子子女。这两种解释一个认为是雌性性选择，而另一个认为是雄性性竞争，所以长鼻猴之谜至今仍没有定论。由于人为猎杀和栖息地破坏，长鼻猴处于濒临灭绝的处境。

长鼻猴[55]（Matsuda Ikki 摄于马来西亚婆罗洲）

雌性也有阴茎吗？

猴博士：

您好。我是一只蛛猴雌性，自小身材魁梧，喜欢跟男孩子们混在一起玩。更诡异的是，我长着一根阴茎。我到底是雄性还是雌性呢，还能不能生孩子呢？

一只女人味十足的蛛猴

来自巴拿马

你当然是一个靓女，你们家族所有的雌性都有类似的情况。那不是阴茎，而是延长的阴蒂，这并不会影响你的生育。

从蛛猴的外表很难分清雌雄，因为雌性和雄性的体型相似，**雌性的阴蒂延长为类似雄性阴茎的形状。**这种雌性"雄性化"的现象无法用性竞争或雌雄性选择来解释。有学者认为雌性"变身"雄性的现象可能与蛛猴的离散聚合型社会结构有关，雌性具有类似雄性的特征有利于接近和融入其他群。除了蛛猴以外，雌性鬣狗的阴蒂也有延长现象，长度接近于雄性的阴茎。

蛛猴雌性的假阴茎
（张鹏摄于日本猿猴中心）

猿猴会近亲交配吗？

猴博士：

您好。动物园里只有两只髭长尾猴，我和我的妹妹。我们都到了婚配的年龄，虽然妹妹也是亭亭玉立的美女，但是我对她怎么也提不起性趣。听说野生猿猴为了避免与自己母亲和姐妹交配，会去远方寻找配偶。一只雄性日本猴曾经冒死穿过京都市，跋涉45公里，在市区的另一边找到了如意姑娘，创造了猿猴雄性迁移的最高纪录。猿猴真的会回避近亲繁殖吗，人类也是这样吗？

一只寻找爱情的髭长尾猴

来自非洲乌干达

你的问题在动物园中非常普遍，因为猿猴和高等动物社会普遍存在着回避近亲繁殖的机制。

首先，猿猴具有回避与关系亲密个体交配的心理基础。对野生黑猩猩的长达30年的长期调查中，从未见过母亲与成年儿子间的交配，偶尔出现兄弟姐妹交配现象，基本上是哥哥要求与妹妹交配的现象。动物园里从小一起长大的动物一般很少交配，彼此缺乏性吸引力。我们在动物园里看到的只是一部分动物，还有一些动物是不面向观众的，主要用于繁殖。在繁殖季节，将展示群和繁殖群的动物适当交换，就可以提高动物之间的性吸引力。有条件的动物园，会通过相互交换动物，提高繁殖效率。

[56] 髭长尾猴(*Cercopithecus cephus*)是长尾猴属的一种，分布于安哥拉、喀麦隆、中非共和国、刚果共和国、赤道几内亚、加蓬等国。由于栖息地的日益减少，包括髭长尾猴在内的大部分长尾猴属动物已受到生存的威胁，有的甚至濒临灭绝。

髭长尾猴[56]（张鹏摄于乌干达野生动物园）

日本猴回避与近亲繁殖
（张鹏摄于日本小豆岛）

雄性喜欢靠近不熟悉的异性
（张鹏摄于日本地狱谷）

　　野生猿猴无法确定亲缘关系，但是他们通过回避与熟悉个体交配，减少近亲交配的可能。一些非亲缘的雄性和雌性平时表现得非常亲密，相互依偎合作理毛。但是在繁殖季节他们总是避免相互交配，常常寻找陌生的交配对象。这些都反映了猿猴回避近亲繁殖的心理学基础。

　　其次，人口学机制也是自然界中防止近亲交配的主要方式。猿猴雌性和雄性一方或双方普遍出现在性成熟之前离群分散的现象，例如日本猴儿子在4岁左右离开出生群，成年雄性也不定期离开繁殖群，母亲和女儿一生留在出生群，形成母系社会；而黑猩猩女儿则在性成熟前离开出生群，母亲也不定期离开繁殖群，保留父亲和儿子，形成父系社会。形成父系或母系社会通过个体迁移减少血缘异性个体的繁殖机会，这种人口学机制延伸到人类就是男婚女嫁的文化。此外灵长类雄性比雌性性成熟晚，或雌性在青少年期存在不孕现象，使同年龄个体间的交配机会降低，减少兄弟姐妹间的繁殖可能性。

　　最后，近亲间存在繁殖禁忌也是人类社会共通的特点，尤其禁止父母子女或兄弟姐妹等血缘个体间的乱伦行为。对以色列基布兹集体农场的研究发现，没有血缘关系的孩子们一起生活，长大后也很少结婚，甚至连谈恋爱的都很少。在对台湾童养媳研究中也发现童养媳夫妇间性吸引力较弱，娶童养媳的丈夫比自由恋爱结婚的丈夫出现婚外情要多，童养媳妻子比自由恋爱的妻子离婚率、分居率和偷情率更高。童养媳的子女数量比自

日本猴雄性离群去远方寻找配偶（张鹏摄于日本小豆岛）［左］
人类社会普遍存在各种近亲繁殖禁忌（张鹏摄于日本小世界）［右］

由恋爱女性的少30％。一系列研究表明人类存在熟悉个体相互回避繁殖的心理机制，这些特点与其他灵长类一致。

除了以上灵长类的假说以外，还有以下假说可以解释人类回避近亲繁殖现象：

父母与子女间的性嫉妒假说认为近亲成年男女间会有性吸引力，但是儿子对母亲的爱恋会受到父亲压制，女儿对父亲的爱恋会受母亲压制。这样年轻个体需要在家庭以外寻找配偶。

家庭间关系网络假说认为如果允许近亲繁殖的话，家庭与家庭之间的婚姻联系就无法维持，呈现孤立化，不利于人类种群的生存与繁殖，所以出现近亲繁殖禁忌。

有害基因积累假说认为近亲个体结婚生子，由于基因的沉积，生残疾儿和婴儿死亡的几率较高。对父母的繁殖不利，所以为了获得更好的基因，淘汰了近亲繁殖行为。

人口学假说认为在人口限制的基础上，人类将近亲繁殖回避制度化。狩猎采集民族社会中，母亲性欲旺盛时，儿子还未性成熟，避免了母子的性行为。女儿一般在刚刚性成熟就会被嫁出，避免父女间的性行为。兄弟姐妹间由于出产间隔较大一般不会出现性关系。

前两个假说注重近亲繁殖的适应意义，而后两个假说注重于解释近亲繁殖的机能，不存在排他的关系。

我被强奸了！

猴博士：

您好。我是一只雌性猩猩。昨天我被一只年轻雄性猩猩驱赶、暴打，然后他强奸了我。这太可怕了。我要报警。我要找到那个作孽的家伙，让他得到应有的惩罚。我很难过。您知道他为什么要这样伤害我吗？

一只受到侮辱的雌性猩猩
来自马来西亚婆罗洲

灵长类中极少出现强奸行为。因为雌性一般掌握交配的主动权，可以向心仪的雄性邀配或拒绝雄性的交配请求。**所有灵长类中只有猩猩和人类会出现强奸行为。**很不幸，你是一只猩猩。至于这两个物种为什么会反常地出现强奸行为，至今仍然是个谜。

你试着回忆下那天的场景。按照以往的案例，雄性会对雌性步步紧逼。雌性表现出害怕的表情，爬上树梢躲避。雄性追上后打击，甚至抓咬雌性，逼迫雌性交配。有的雌性甚至会被重重地摔伤在地。逐渐占了上风的雄性强行与雌性交配。经过二三次的折磨，雌性猩猩承认了雄性的实力，不得不同意与雄性交配。

猩猩的雄性分为两种：一种是有固定领地的成年雄性，受到雌性们的青睐，不会出现强奸行为。另一种没有领地的年轻游离雄性，在森林里游荡居无定所。由于不受成年雌性的青睐，他们会采取极端暴力的强奸方式为自己讨回一些交配的机会。野生群内年轻雄性的交配频率为1.72次/天，甚至略高于成年雄性1.44次/天的交配频率。所以我建议你将搜索范围缩小到周围游离雄性。

《强奸的自然史》一书提出强奸是一种自然行为，是男人传播基因的一种生殖策略，并列举了蝎子、鸭等动物的实例。但是，猩猩强奸行为的受精成功率很低，因为游离雄性们无法掌握雌性最佳的受精时间。如果被迫交配的雌性处于非发情期、妊娠期或哺乳期等，即使有交配行为雌性也不会受孕的。相比之下定居雄性总是在发情雌性的配合下进行交配，受精

年轻雄性将雌性拖入树床，强迫交配（Matsuda Ikki 摄于马来西亚）

年轻雄性（左）与成年雄性（右）（Matsuda Ikki 摄于马来西亚）

成功率更高。所以，强奸行为在灵长类中是相当反常和罕见的。

我认为人类的强奸行为与猩猩的不同，因为人类绝大多数强奸是具有反社会性质的性变态行为，比如恋物癖、暴露癖、奸尸癖、强奸性变态、施虐狂、恋幼癖、娈童癖和窥视癖等，有些变态行为对对方造成侮辱，甚至使之失去生命。美国的全国性调查表明很多强奸行为与繁殖无关，例如三分之一的强奸受害者是11岁以下的儿童，许多受害者是绝经的妇女或是男性。人类社会的发展，加入了道德与法制的因素，也与很多动物社会不同。实际上，在灵长类的进化中，几乎没有强奸行为出现的余地，我们的近亲黑猩猩、倭黑猩猩和大猩猩也从来没有被观察到强奸行为。

如何治疗我的体臭？

猴博士：

　　您好。我是一只刚刚成年的环尾狐猴。有一个难以启齿的问题，想向您请教。我发现最近几天，我下身会出现很多黏液，并发出一股怪味。我已经有男朋友了，我们经常在一起，他一定会闻到的，他会嫌弃我吗？

为体味而烦恼的环尾狐猴

来自马达加斯加岛

　　不用担心。猿猴雌性在排卵期会从阴道分泌大量黏液，在细菌的作用下形成特殊气味。**这些气味变化标志着排卵期的到来，对雄性有着很强的吸引力。**所以，你的男朋友一定不会嫌弃你，反而会因为你身上的味道而更加爱你。一些有经验的环尾狐猴雌性甚至把黏液洒在尾巴上，通过摇摆尾巴把体味洒向空中，提高性吸引力。气味在灵长类的性选择中起重要的作用。

　　人类也有自己的体味，每个人身上的体味是不同的。自然体味在人类性选择中扮演的角色比我们想象的重要得多。我们的汗水中含有源于大汗腺分泌的外激素，集中在腋窝、头面部、前胸以及生殖器等部位，又称为信息素。青春期和排卵期的女性会分泌出特有的信息素，让异性在毫不知情中感觉到诱惑，却说不清这种诱惑究竟是什么。气味对性欲的影响是直接、原始而深刻的，在亲密关系中，体味的作用甚至比相貌还要重要。

　　1995年，瑞士伯纳尔大学的科学家曾经做过一个著名的"T恤实验"。44位男性志愿者被要求远离香料，并连续两天穿着同一件T恤。然后，将这些编好号的匿名T恤交给49名女性去闻，从中选择各自喜欢的气味。通过分析全部志愿者的基因，科学家发现女性们更喜欢与她们基因差异大的男性体味。

　　"T恤实验"中发现的基因差异，主要是指MHC，一种决定免疫系统的基因，全名是"主要组织相容性复合体"（major histocompatibility complex）。MHC普遍存在于脊椎动物中，具有不同MHC基因的动物配偶的后代遗传更多样化，免疫力更强。这一道理同样适用于人类。那些具有

环尾狐猴（张鹏摄于日本猿猴中心）

不同免疫系统夫妇的孩子也能够从中获益，他们能够把父母双方各自免疫系统的优点全部继承下来，从而具有更强而广泛的病毒抵御能力。

　　然而，现代人常常对自己的体味感到羞耻，总是通过香水和频繁洗澡进行遮盖，破坏了最令异性着迷的自然体味。

环尾狐猴用尾巴散发气味（图片资料来源Swindler DR. *Introduction to the primates*. 1998. University of Washington Press.）

　性 爱 与 繁 殖

妈妈为什么爱在我身上撒尿？

[4.15]

猴博士：

您好。您前面说体味可以吸引异性。但是在我还是婴儿期的时候，妈妈就在我身上撒尿，隔几天就撒一次，搞得我臭乎乎的。她这是在惩罚我吗？

浑身尿味的婴猴
来自马达加斯加岛

婴猴母亲将尿液洒在自己的面颊和子女的身上，是为了进行标记。如果人为将幼崽身上的气味洗掉，婴猴母亲可能会放弃哺育子女。

气味标记的作用远不只是性吸引，甚至影响个体生存。在漆黑的夜晚，夜行性原猴类为了辅助视觉，形成了丰富多样的标记行为。例如，非洲的鼠狐猴、树熊猴、大婴猴和婴猴用尿在树上标记领地；树鼩用粪便进行标记。树熊猴和婴猴通过喉部和外阴部的皮脂腺来标记。

个体间通过标记也可以进行社会交流，向异性个体传达相互吸引的信息，向同性个体传达相互回避的信息。但是由于标记气味会被时间和雨水冲淡，所以动物们需要经常刷新以前的标记。

相对于原猴类，人类和高等灵长类更加依赖视觉，但是体味在我们行为中扮演的角色比我们想象的重要得多。

[57] 婴猴（*Galago senegalensis*），也叫塞内加尔婴猴，是一种小型的夜行性原猴类，属于婴猴科婴猴属。体型上与松鼠一般大，眼睛又大又圆，耳朵像蝙蝠，脸像猫。他的后肢较长，富有弹跳力。颈部非常灵活，能向后回转180度；他们生活在撒哈拉沙漠以南的丛林中，以昆虫及其他小动物、水果和树汁为食。胸腹部各有1对乳头。

婴猴[57]（张鹏摄于日本猿猴中心）

我是同性恋吗?

猴博士:

您好。我是雌性倭黑猩猩,有一个心爱的女朋友。和许多恋人一样,我们会有亲密的行为,也会性交。我没有对其他人说过这些,担心别人会嘲笑我是个同性恋。我不知道自己是不是同性恋。人类有同性恋吗?

有同性恋倾向的倭黑猩猩
来自非洲刚果

倭黑猩猩是"最性感"的灵长类,性行为模式相当多样。例如雌性与雌性抱在一起摩擦性器,雄性与雄性相互抚摸阴茎、摩擦臀部和相互爬跨,雄性和非发情期的雌性也会出现类似的性接触。这些行为起着润滑个体间相互关系等社会功能,有利于抑制群内的攻击行为,尤其是抑制雄性高涨的攻击性,增加集团凝聚力。

两群相遇时,出现相互对峙,雄性间相互威胁,战争即将爆发。然而有意思的是,这时雌性们带着子女陆续进入对方阵地犒劳对手,与对方雄性们交配、爬跨和摩擦生殖器。或是和对方雌性们相互理毛表示和好,幼崽们也乘机相互玩耍起来。虽然两群的雄性之间一直保持着警惕,很少相

雌性黑猩猩间相互爬跨 (Furuichi 摄于刚果共和国)

互接近，不时地会威胁一下对方，但是群间紧张气氛明显减少，爆发战争的可能性也就没有了。有人说，**倭黑猩猩通过相互性行为减少了冲突，换取了和平。**

猿猴普遍存在同性性行为，例如爬跨、阴部摩擦乃至射精。对三十多个种类的研究表明，**猿猴的同性之间不仅出现性行为，而且这些性行为具有一定的社会功能，**例如表达玩耍、展现等级关系、提高性刺激、表达打招呼和性技能训练等。

人类社会对同性恋现象经历了漫长的认识历程。如在欧洲中世纪，它被看成妖魔附体；而后至18世纪，它被视为严重道德堕落。但是对全世界各国的调查发现，同性恋现象具有一些共通的特点：

① 不管是被放纵还是被严惩，同性恋在各国的不同历史阶段、政治、经济、文化及风习中均存在。

② 女同性恋数量一般少于男同性恋数量。据《金赛报告》（1948年）估测，美国4.0％男性和1.0％女性有同性恋倾向，平均比例为2.5％。这个数值与20世纪初荷兰、德国的调查结果相似。

③ 同性恋现象可能受遗传和性激素等生物学因素的影响，例如对双胞胎兄弟的研究一致发现，兄弟中如一人是同性恋者，另一人也是的概率关系为：单卵双胞胎＞双卵双胞胎＞被领养兄弟。

这些共通点说明，**同性恋现象除了会受家庭环境、成长经历等社会文化环境的影响以外，具有其生物学特点。**所以近年来西方世界对它持更宽容的态度，甚至允许同性恋者结婚。

人类同性恋

人的性行为和性关系有什么特点?

猴博士:

　　您好。我是一只僧面猴,很喜欢看您的这个专栏。我发现人类的性行为与猿猴有很多相似点。我从来没有见过人类的性行为,感觉很神秘。人类性行为和性关系有什么特点吗?

对性行为感兴趣的僧面猴

来自巴西

[58] 白脸僧面猴 (*Pithecia pithecia*),因圆而略扁的脸上布满短茸毛,活像老和尚的脸而得名。分布于南美洲低地常绿雨林。树栖性,白天活动,喜食果实、蜜糖、花朵或昆虫等。

白脸僧面猴[58](张鹏摄于秦岭)

你这个问题问得很好。人类性行为与猿猴的存在相似性，但也存在明显的区别，拥有独特的地方。这里列举几个主要的特点：

1. 配偶间性交有隐私性，不希望被别人看见。

人类性行为一般发生在密室里，避免被其他个体发现。有时候即使看到动物交配也会觉得不好意思。相对而言猿猴性行为则不像人类那么拘束，交配是与取食、理毛一样的社会活动。倭黑猩猩通过性行为进行社会交往，润滑了个体间的冲突。例如雌性与雌性抱在一起摩擦性器，雄性与雄性相互抚摸阴茎、摩擦臀部和相互爬跨，雄性和非发情期的雌性也会出现类似的性接触。尤其是看到投食区里很多食物的时候，为了避免因食物竞争引起冲突，他们会频繁地发起性接触。这些性接触有利于抑制群内的攻击行为，尤其是抑制雄性高涨的攻击性。

2. 大多数社会中，男女有长期配偶关系，与其他个体的社会关系并行。

除了人类以外，灵长类群内基本不存在父亲角色，幼崽一直跟随母亲生活成长。例如在猕猴的多夫多妻群内，雌性没有稳定的配偶关系，可以与不同的雄性交配，这样群内没有父亲的角色。叶猴的配偶关系较简单明了，一般由一夫多妻群组成。但是主雄每隔2~4年会被替换，也无法形成长期的父子关系。黑猩猩的多夫多妻群内，雄性间虽然形成了血缘联盟，但是由于雌性没有稳定的配偶关系，也就无法认知父子关系。唯一有可能出现稳定的父亲角色的种类是大猩猩。大猩猩生活在父系的一夫多妻群内，没有雄性替换，主雄可以长期与子女生活在一起，扮演着父亲的角色。只是大猩猩没有形成血缘雄性联盟，其社会结构停留在一夫多妻社会，没有能够形成人类那样的重层社会结构。

3. 夫妇形成经济合作关系，与其他夫妇间共有活动域。

在采集狩猎民族，男性外出捕猎，女性采集果子，取得食物后，大家回到居住地相互交换，促进了男女间相互依赖和社会经济分工。而绝大多数灵长类都没有形成配偶间的食物交换和社会经济分工。只有在黑猩猩群

灵长类的几种交配姿势（图片资料来源 Boyd R, Silk JB. *How Human Evolved.*
2009. London: Norton & Company New York. p201）

内出现了两性经济分工的端倪，黑猩猩合作狩猎野猪和猿猴的时候，80%
的狩猎者是雄性个体，20%是雌性个体。他们还有分配食物的活动，高地
位个体会将肉分配给与他关系亲密的个体，而没有分配到肉的个体则通过
乞讨行为来讨好高地位个体。食物分配促进了黑猩猩价值观的形成，可能
是原始人类形成物品交换和交易的前提条件。黑猩猩的集体捕猎行为也暗
示了脱离森林的尝试。人类祖先可能也经历了相似的尝试后成功走向了非
洲草原，在草原生活中猿人们进一步锻炼了集体捕猎的合作，强化了男女
分工和食物分配活动，而且也为形成家庭铺垫了基础。

　　灵长类的繁殖群之间一般相互敌对，很少和平共享活动域。例如大猩
猩群相遇时，雄性间常常会捶胸顿足地相互展示，引发争斗。黑猩猩群相
遇时会相互厮打甚至咬死对方。其他一些种类虽然不会明显争斗，但也会
采取消极回避的做法。**而人类家庭之间没有敌对关系，可以相互交流，形
成相似的生活习惯**。于是同一地区的家庭形成了相似的饮食习惯、方言等
文化。共同活动的若干家庭形成氏族、村落等多层的社会组织。灵长类中
只有金丝猴等少数种类形成了类似的重层社会。金丝猴社会的基本单元是
一夫多妻繁殖单元，几个繁殖单元一起活动和取食，组成群或社群的上层
结构。不过金丝猴繁殖单元间存在等级关系，不同单元个体很少有其他亲

密行为或合作现象，与人类家庭与家庭之间的平等合作关系存在差异。

4. 夫妇之间既是性伴侣，也是所生子女的养育者，男性频繁照顾子女。

人类是唯一具有稳定的父亲角色的灵长类。子女在成长的过程中认知父亲，并通过父亲继承亲族的谱系和确立自己在亲族关系中的位置。从原猴类到类人猿，猿猴社会中一直不存在"父亲"的角色，群内主要是母子关系，雄性由于会被定期取代或迁移无法维持稳定的父子关系。虽然伶猴、夜猴、狨猴和柽柳猴等小型新世界猴雄性出现了丰富的父性行为，但是仍然无法解决被取代和迁移的问题。大多数猿猴种类和其他哺乳类一样，由母亲养育子女，雄性一般不会育崽。但原始的狩猎采集民族父亲会频繁地与子女交流，但是在工业国家里，父亲与其子女亲密交往的时间每天平均不超过5分钟。父子关系的稀薄化似乎与灵长类社会进化的方向背道而驰。

5. 女性没有明显的排卵期信号，甚至女性自己也无法判断排卵时间。

夫妇间的性交行为与女性排卵活动无关，即使在怀孕、哺乳等不易受孕期间也有性交行为，所以人类夫妇间的性交不是为了繁殖而是为了心理满足。相对而言，猿猴大都有发情期，交配行为主要发生在发情期。金丝猴发情季节是每年秋季和初冬，交配行为主要在这段时间发生。类人猿大猩猩和黑猩猩虽然没有明显的发情季节，但是他们的交配行为基本集中在月经后14天左右，也就是雌性的排卵期间。发情雌性的阴部附近出现红肿湿润的性皮，这是排卵期的征兆。黑猩猩雄性一般只与出现发情征兆的雌性交配，因为在排卵期间交配才是有效的交配。他们很少与非排卵期雌性交配，因为那是没有繁殖意义的徒劳的精力消耗。**相比之下人类性行为可以常年进行，没有发情期的限制，而且大多数性行为是为了满足心理愉悦。**与其他较低级灵长类不同，人类的性行为逐渐地脱离了原始的性荷尔蒙控制，而更受心理和大脑活动的影响。

第五章

行为与文化

人就像自然界中暴富的乞丐，不仅六亲不认，而且要尽量撇清自己与其他动物的关系。我们把一切污垢都归于兽性，而把所有光环都归于人性。我们鄙视动物之间的争强好胜和自相残杀，却忽略了自己也有类似的行为。兽性也有好的一面，例如狼忠诚于群体，天鹅忠贞不贰，以及蜜蜂的利他行为，等等。这些行为让我们感动。人也是动物，人性必然源于这些兽性。

文化被称为人异乎禽兽的特征。它造就了我们引以为豪的语言、艺术、农业、工业等文明，但也引发了吸毒、大规模战争、环境破坏等副作用，这些甚至可能会毁掉人类。人性是多样的，有善有恶，就像这个多样的世界一样。

日本猴泡温泉（张鹏摄于日本地狱谷）

猴子理毛是为了捡盐粒吗?

猴博士:

您好。我是一只雌性猕猴。我的人缘比较好,群里的伙伴们经常主动为我梳理毛发。有人说他们是为了捡食我身上的盐粒,来补充盐分。我自己也经常为自己理毛,但是我为什么没有见到身上的盐粒呢?另外,人类朋友之间也会相互梳理毛发吗?

一只人气超旺的雌性猕猴

来自南湾猴岛

我估计你不仅人缘好,而且社会地位比较高。因为**相互梳理毛发是猿猴的主要社会行为之一**,低地位个体经常主动为高地位个体理毛。如果群里猴子经常主动为你梳理毛发,应该是为了表达以下四个意思:

第一,**相互梳理毛发具有一定的清洁功能**。如猴子们经常相互梳理背部、头部等自己难以梳理的部位,清理毛发里附着的皮屑、虫卵和杂物等。但是猿猴相互理毛应该不是为了捡拾盐粒,因为猿猴体表汗腺主要分布在手(脚)掌、面部和生殖区等少数几个皮肤裸露部位,其他部位基本上没有汗腺分布,不会分泌盐粒。

第二,**相互理毛可以缓和社会关系**。例如猕猴在冲突过程中,第三方

理毛是猿猴的社交行为(张鹏摄于海南南湾猴岛)

个体也会匆匆跑来理毛，意思是"消消气，别那么计较"，使原本紧张的关系缓和下来。冲突发生后，双方也会通过相互理毛修复社会关系。

第三，**相互理毛是一种联盟手段，能作为个体间友谊程度的重要指标**。例如相互理毛主要集中在母子、姐妹、配偶等关系较好的个体或盟友之间。此外，低地位个体经常主动为高地位个体理毛，是为了与高地位个体"套近乎"，期待将来能够获得高地位个体的支持和青睐。

第四，**相互理毛是一种性吸引方式**。猿猴交配需要身贴身进行，但是他们又害怕离陌生个体太近。所以相互理毛是一种性吸引方式，成年雌性和雄性通过相互理毛，建立信任以后，才可能出现交配行为。

[小知识]

?

人类的梳理行为

在人类的传统社会里，熟悉个体之间，尤其是母子、姐妹和配偶之间，也会相互梳理毛发，既有清洁意义（清除头虱等），也有维系和增强社会关系的意义。此外，人类梳理行为也具有一定的性吸引意义。例如恋人之间相互梳理和掏耳朵行为；在世界范围内（不仅仅是中国），人们经常会把美容美发店与性服务联系在一起，这已经超出了文化范畴，而反映了梳理行为与性行为之间的连贯性。不过，人类社会关系比猿猴更加复杂，形成了更加发达的梳理关系的方式，例如通过语言交流可以进行更细腻的表达，书写文字可以将表达保存持续更长的时间。

猿猴家书

人类的梳理行为

猿猴是否也有青春期?

猴博士:

　　您好。我是一只日本猴。我的儿子4岁了,最近越来越不听话,总是和我对着干。我听说人类孩子有青春期逆反的现象,但是不知道猿猴是否也有青春期呢?

　　　　　　　　　　　　　　　为育儿烦恼的日本猴母亲

　　　　　　　　　　　　　　　来自日本小豆岛

日本猴的母子冲突 (张鹏摄于日本小豆岛)

人类孩子的确有青春期逆反的现象。我先给你介绍下人类的情况，然后再讨论猿猴是否也有青春期的问题。

从进化角度来看，人类出现青春期逆反现象的原因是我们身体各部分及机能发育的非同步性。婴幼儿出生后首先发育的是头部和神经系统，两岁时婴儿脑容量增加2倍，五岁时幼儿脑容量增加5倍。大脑快速发育吸收了大量能量，影响了身体其他系统的发育，例如肌肉骨骼系统发育相对缓慢，而生殖系统甚至一直处于停滞状态。进入青春期后，生殖系统得到补充发育，性器官变化明显，出现第二性征，性荷尔蒙分泌增加，导致一系列心理状态的变化和不稳定，增加了子女与父母间的冲突。

青少年猿猴的身体变化与我们相似，例如雄性生殖器快速增大，出现大的犬齿引起脸（鼻、吻部）的延长，身体肌肉增加，肩部胸部变宽。雌性的脂肪增加10%、乳头更突出、出现红色性皮等。青春期是猿猴从出生群迁出的高潮期，离群后会遇到更多的危险，死亡率明显提高。这一时期是猿猴身体、心理和行为的调整阶段，会出现逆反等特殊的状态。从这些变化来说，猴子和我们一样是有青春期的。

不过，灵长类的青春期与人类的不同。因为人类孩子在小学高年级到中学的身高增加最快，随后降低，形成山形的身高增加曲线。但是猴子没有这样的成长曲线。实际上，猕猴的成长速度比人快3倍，黑猩猩的比人快1.5倍。由于生活史的不同，人类与猿猴的发育过程可能存在差异。

老公会照顾我和孩子吗？

猴博士：

您好。我是一只伶猴，最近怀孕了。刚开始的时候我很开心，但是最近心里面总是很不安。我很担心孩子的父亲不照顾我们母子，把照顾孩子的事情全推给我一个人。我知道人类父亲会努力挣钱，照顾妻子和孩子。不知道我的老公是否会照顾我和孩子？

将为人母的伶猴

来自南美亚马孙河流域

[59] 伶猴，卷尾猴科伶猴属（*Callicebus* genus）几种树栖猴类的统称，栖息于南美洲亚马孙河和其他河流的沿岸。毛长蓬松，柔软而光滑，头小而圆，脸较平而大。体长约25~60厘米；尾长25~55厘米。以小群活动，具共同领域，昼行性。以果实、鸟蛋、昆虫为食，偶尔也吃小鸟。

伶猴[59]的一夫一妻配偶
（张鹏摄于日本猿猴公园）

你很幸运，因为你是一只伶猴。伶猴、夜猴、狨和柽柳猴等小型新世界猴的雄性最喜欢照顾子女了。雄性对刚出生的幼崽非常有兴趣。从婴儿出生1小时后，雄性就开始照料幼儿。即使对刚刚出生还浑身带血的新生儿，雄性们也会又闻又抱，爱不释手。有些雄性甚至一直抱着幼崽，只是在哺乳时间才将幼崽暂时还给母亲。除了保护幼崽不受捕食者袭击以外，雄性们还会为幼崽抓昆虫吃，帮忙剥食物的硬壳等，这种食物分配行为一直持续到幼崽可以自食其力为止。作为伶猴，你应该为此而感到自豪。

　　为什么这些种类的雄性如此爱照顾孩子？因为这些小型种类常常一胎二崽或三崽，如果没有雄猴的协助，雌猴很难单独养育子女。如果子女死亡，对雄性和雌性将都是很大的损失。所以雄性积极参与照料幼崽。

　　在高等类人猿中，大猩猩雄性具有最丰富的父性行为，包括容忍、抱起、搬运、保护和共同取食等，有时甚至会给幼崽喂食物。与人类一样，大猩猩的新生儿也都处于早产状态，哺乳期长达2~3年。2岁以后母亲开始拒绝幼崽吸乳的要求。5岁后，幼崽学会自己做床，开始独自分床睡觉。从出生到青少年期，父亲会一直主动地配合母亲照料幼崽，而且成年雄性的父性行为明显多于年轻雄性。

　　此外，父性行为可以有其他社会性作用，例如猕猴雄性利用照顾幼崽的行为达到靠近发情的母亲，获得交配机会的目的。另外我国黄山藏酋猴雄性在受到高地位雄性的攻击的时候，会抱着其他雌性的幼仔，呈现给高地位雄性，以请求和解。

　　人类社会中，父亲照顾和保护子女，对子女的成长非常重要。原始的狩猎采集民族父亲会频繁地与子女交往，但是现代社会的父亲角色似乎越来越淡薄，在欧美发达的工业国家里，父亲每天与其子女亲密交往的时间平均不超过5分钟。这时候，我们应该向伶猴致敬了。

还有谁会帮我带孩子呢？

猴博士：

您好。看了您的来信，我安心许多，谢谢您。可是我的丈夫经常会外出，我想知道除了孩子父亲以外，还会有其他人帮我带孩子吗？

将为人母的伶猴

来自南美亚马孙河流域

这个你不用担心。等你的孩子出生以后，你的年长子女会参与照料弟弟妹妹，分担父母养育子女的负担。此外，群内其他雌性和青少年会对新生儿感兴趣，照顾幼崽，为幼崽创造好的生长和社会环境。这一行为被称为阿姨行为（见下页图）。

为什么一些个体会花费自己的时间和精力，去照顾其他人的孩子呢？主要有以下几个解释：

减轻负担假说：认为猿猴雌性在哺乳期中身体虚弱，需要多休息和增加觅食。其他个体（尤其是亲缘个体）主动照顾幼崽，可以减少母亲的负担。

锻炼假说：认为雌性通过照顾别人幼崽，可以锻炼自己的育子能力，对自己将来的繁育有利。例如，黑猩猩和赤猴等种类的阿姨行为主要出现在未生育的年轻雌性中，而成年雌性则很少参与阿姨行为。

社交假说：认为新生儿是群内成员关注的对象。雌性通过照顾幼崽可以增加与群内其他个体的接触机会，有利于将来建立社会关系。

不管是什么目的，**你都不用担心没有人帮你照顾孩子。需要提醒的是，你不要轻易把新生儿撒手给没有经验的青少年个体。**我就观察过川金丝猴的青少年个体把新生儿抱到20米高的树枝上玩耍，不小心把孩子摔下树，导致孩子当场死亡的惨剧。孩子还是要亲生父母带的。

日本猴的阿姨行为

大姐照顾年幼的弟妹们　（图为笔者母亲及其兄弟姐妹）

猿猴有没有养子?

猴博士:

　　您好。我是一只黑掌蛛猴,曾经有过几段感情经历,但是一直没有孩子。我发现自己身体有问题,可能生不了孩子。我希望领养一个孩子,男女都可以。猿猴能不能领养孩子,有先例吗?

想收养孩子的黑掌蛛猴

来自巴拿马

　　当然可以。下面是一些猿猴领养养子的报道:

　　在美国华盛顿国家公园,年迈的雌性猩猩死亡后,她的怀中的3岁女儿"瞳"被青春期的姐姐收养。姐姐尽可能地让妹妹生活好些,为她讨要食物,做树床,甚至试着给她喂奶。有意思的是,姐姐不久开始分泌乳汁,尽管她还没有怀孕。日本猴也观察到了类似的年轻雌性收养妹妹的现象。

　　在美国哥伦布公园,一只大猩猩母亲死亡后,她的14个月大的幼崽"弗斯"被30岁的成年雄性领养(灵长类雄性一般不养育子女)。雄性和他睡在一起,一起玩耍,给孩子讨要食物。雄性以前很少做树床,但是自从领养幼崽以后,开始学着像其他雌性那样为幼崽做树床。血缘鉴定表明

黑掌蛛猴[60](张鹏摄于日本猿猴中心)

[60] 黑掌蛛猴也叫黑掌蜘蛛猴(*Ateles geoffroyi*),是蜘蛛猴科的一种,生活在南美洲和中美洲的热带雨林里。体长34~59厘米,体重6~8公斤。他们的尾巴就是"第五只手",长而灵活。主要以水果、树叶、花以及坚果为食。圈养条件下寿命可达33年。

行 为 与 文 化

日本猴姐姐照顾弟弟（张鹏摄于日本地狱谷）

这只成年雄性是"弗斯"的亲生父亲。川金丝猴也出现了类似的现象。

在非洲卢旺达的国家森林公园，保护区管理人员发现雌性大猩猩被偷猎者杀死后，营救了母亲身边13个月大的孤儿。当婴儿第一次进入饲养场时，显得很恐惧。没有个体愿意领养这只幼崽。而这时一只刚刚被营救到饲养场的10岁雄性领养了这只婴儿，并悉心照顾婴儿的成长。随后血缘鉴定表明这只雄性实际上是婴儿的亲哥哥。

还有另一个更有意思的领养。在美国华盛顿国家公园，刚刚出生的幼崽"巴拉卡"被母亲抛弃。一天后，一只哺乳期雌性收养了这个弃婴，同时带着自己1岁大的孩子。一年以后，两个孩子常常因为争"母亲"而打闹。这时"巴拉卡"的亲生母亲要回了自己的儿子。随后这两只没有任何血缘关系的雌性，共同照顾这两个幼崽。

人类社会也普遍存在收养养子的现象。在传统社会部落中，一般以血缘家族成员为主，与非血缘个体交往较少，所以很少收养非亲缘个体的子女。一般来说，没有生育能力的夫妇一般会首选收养自己兄弟姐妹等近亲的孩子（与自己有血缘关系），其次考虑收养非亲个体的孩子。有生育能力的夫妇一般较少收养养子，而倾向于自己生孩子。很明显，人类的收养行为受血缘淘汰规律的影响。

人类收养行为也受社会环境因素的影响。在战争较多的太平洋诸岛，收养者会收养自己战友的子女，虽然养育非亲缘孩子会有精力和财力的损失，但是在保卫国家的共同利益中，收养同盟者子女的行为对收养者也是有利的。随着近代城市化发展，大量非血缘个体聚集进入城市，增加了收养非血缘养子的可能性。

川金丝猴雄性照顾幼年个体（张鹏摄于秦岭）[右]

他杀了我的孩子！

猴博士：

您好。我是一只长尾叶猴。在我的家乡印度，人们说我性格温顺，是史诗《罗摩衍那》中神猴哈努曼的化身，可以腾云驾雾和七十二变，为人民除暴安良。没错，中国的孙悟空就是我的翻版。虽然声誉在外，但是我也有苦衷。我可爱的婴儿经常受到雄性威胁，甚至残杀。我亲眼看到雄性杀了我的孩子。我和他们无冤无仇，他们为什么残害我的孩子？

悲痛欲绝的长尾叶猴母亲

来自印度

看了你的信，我感到很难过，也请你节哀。

我们最早知道猿猴杀婴是在1962年8月，杉山幸丸博士首次报道了雄性长尾叶猴有杀婴习惯，震惊了当时学术界。他认为猿猴杀婴不是偶然的，也不是个体的病态行为，而存在一些共同特征，例如在一雄多雌群内雄性家长替换以后，雌性在婴儿死亡后并没有离开，而是很快发情，并与

长尾叶猴[1]群（Mori摄于印度）

猿
猴
家
书

杀婴雄性交配。杉山博士的如实报道并没有被当时社会接受。人们认为杉山博士诋毁神猴哈努曼形象和印度宗教，并把博士驱逐出境。

自此以后，我们陆续收到疣猴类、长尾猴和大猩猩等21个物种的来信，控诉他们的孩子被雄性杀害。黑猩猩也存在杀婴行为。和长尾叶猴不同的是，黑猩猩雄性和雌性都会参与杀婴活动，然后分食小猩猩的尸体。在杀婴过程里黑猩猩常常带有虐待和展示的意思。高等级个体从母亲怀里抢到小猩猩后，会爬到树上向其他黑猩猩们展示战利品，有意将幼崽的头部在树上磕碰或是挥舞幼崽的尸体。黑猩猩对幼崽的肉似乎并不非常感兴趣，常常只吃掉四肢和头部，而将其他部分遗弃。

杀婴是个体有意图地令自己同种婴儿死亡的行为。除了灵长类以外，鸟类、啮齿类、食肉类和鳍足类也有杀婴现象。这说明杀婴现象可能不是某个个体的病态或陋习，而是与物种特征、社会结构、个体关系、群间关系、繁殖策略等因素有关的适应性行为。

然而如何解释猿猴杀婴现象？婴猴的存活是保证种群繁衍和个体基因延续的关键，很多低等动物会用自己的生命保护婴儿，但是高等的猿猴为什么会出现杀婴行为？目前，学者们对猿猴杀婴原因的解释并不相同。

1. **雄性繁殖假说**认为雄性杀婴行为有利于雄性自身的繁殖成功。在一

[61] 长尾叶猴（*Semnopithecus entellus*），也称北平原灰叶猴，是猴科灰叶猴属的一种。栖息于热带或亚热带森林中，主要以树叶为食；尾很长，适于树栖，体型纤细。白天活动，夜晚树栖，并有季节性垂直迁徙现象。结群生活，多时可达几十只。除藏南以外，还分布于印度、尼泊尔、克什米尔和巴基斯坦等国家和地区。

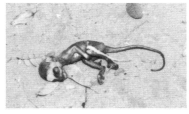

死亡的幼崽（Mori摄于印度）

		杀婴现象	性二型性	雌性产后立即发情	社会结构
懒猴总科	婴猴属	无	无	有	单独生活
	金熊猴属	无	无	有	单独生活
	鼠狐猴属	无	无	有	单独生活
	叉斑鼠狐猴属	无	无	有	单独生活
	倭狐猴属	无	无	有	单独生活
狐猴总科	冕狐猴属	无	无	不立即发情	多夫多妻
	大狐猴属	无	无	不立即发情	一夫一妻
	毛狐猴属	无	无	不立即发情	一夫一妻
	鼬狐猴属	无	无	不立即发情	单独生活
	领狐猴属	无	无	不立即发情	一夫一妻、多夫多妻
	环尾狐猴属	有	无	不立即发情	多夫多妻
	美狐猴属	无	无	不立即发情	一夫一妻、多夫多妻
眼睛猴总科	眼镜猴	无	无	有	一夫一妻
卷尾猴总科	卷尾猴属	有	有	不立即发情	多夫多妻
	松鼠猴属	无	无	不立即发情	多夫多妻
	伶猴属	无	无	不立即发情	一夫一妻
	夜猴属	无	无	不立即发情	一夫一妻
	狨属	无	无	有	一夫一妻、一妻多夫、多夫多妻
	怪柳猴属	无	无	有	一妻多夫、多夫多妻
	狮面狨属	无	无	有	一妻多夫、多夫多妻
	吼猴属	有	显著	不立即发情	一夫多妻、多夫多妻
	绒毛蛛猴属	无	有	不立即发情	多夫多妻
	蛛猴属	无	有	不立即发情	多夫多妻
猴总科	红叶猴	有	有	不立即发情	多夫多妻
	黑白疣猴	无	有	不立即发情	一夫多妻
	叶猴属	有	显著	不立即发情	一夫多妻、多夫多妻
	长鼻猴属	无	显著	不立即发情	一夫多妻、多夫多妻
	狒狒	有	显著	不立即发情	一夫多妻、多夫多妻
	白眉猴属	无	显著	不立即发情	一夫多妻、多夫多妻
	狮尾狒狒属	有	显著	不立即发情	重层社会
	猕猴属	有	显著	不立即发情	多夫多妻
	长尾猴属	有	有	不立即发情	一夫多妻、多夫多妻
	赤猴属	无	显著	不立即发情	一夫多妻
人总科	长臂猿属	无	无	不立即发情	一夫一妻
	猩猩属	无	显著	不立即发情	单独生活
	大猩猩属	有	显著	不立即发情	一夫多妻
	黑猩猩属	有	有	不立即发情	多夫多妻
	人属	有	有	不立即发情	多样且复杂

杀婴种类的分布（张鹏制图）

雄多雌群的家长雄性被替换后，新雄性希望与群内雌性们交配，建立社会关系和繁殖自己后代。但是雌性们正在哺育上一任雄性留下的孩子，拒绝与新雄性交配。雄性留在繁殖群内的任期有限，等待下去，可能会失去繁殖自己后代的机会。于是雄性采用杀死婴猴的极端手段（95%的受害婴猴都与行凶雄性没有血缘关系），迫使雌性中断哺乳，并在一两周内重新发情，与雄性交配。这样杀婴明显缩短了雌性等待时间，有利于雄性的繁殖成功。

2. **同性竞争假说认为雄性倾向于杀死雄性婴猴，是为了给自己及其子女减少未来同性竞争者。**黑带卷尾猴和红吼猴都倾向于杀死雄性婴猴。繁殖雄性杀死与自己血缘关系可能性较小的雄性幼崽，可能会减少未来同性竞争者，符合雄性繁殖策略。不过这一假说无法解释黄狒狒的群间杀婴现象，受害雌性并没有加入杀婴雄性的繁殖群，不会直接提高雄性繁殖效率。

3. **误伤假说认为杀婴是雄性失误造成的。**在饲养状态下，猴群争斗频率和强度增加、雄性间等级不稳定和新雄性家长频繁更换等现象。雄性并非故意对婴猴施暴，而是与其他个体冲突，或骚扰雌性获得交配机会的过程中误伤婴猴致死。

4. **病态行为假说认为杀婴是雄性的病态行为。**由于饲养条件下拥挤等人为因素干扰，引起雄性暴躁伤及婴猴。例如，埃及狒狒雄性在野生条件下不会杀婴，而在笼养条件下性情暴乱，出现杀婴、虐婴现象。不过该假说无法解释为什么杀婴雄性对待自己的子女时表现正常，会偏袒和保护自己的子女。已知的杀婴现象分布于21种灵长类的野生种群，说明杀婴不是某一个体的病态现象或单个物种的特有行为。

5. **肉食假说认为雄性杀婴是为了获取肉食。**尤其是一些原猴类物种具有肉食性，杀死身体较弱新生儿和取食尸体的现象可能与获取肉食有关。但是肉食假说并不能解释为什么狒狒和青猴等素食性的高等灵长类也会有杀婴的现象，另外杀婴现象仅局限于雄性（除黑猩猩等个别物种以外），而雌性没有类似的现象。实际上灵长类的吃婴现象非常罕见，应该不是雄性杀婴行为的进化动力，而可能是杀婴行为的伴随现象。

6. **回避照顾假说认为一些种类雄性频繁照顾婴儿，为了避免将精力浪费到没有血缘的婴崽身上，会出现杀婴现象。**不过在狨等频繁照顾婴崽的物种中也观察到杀婴现象。

总的来看，目前学者们对雄性繁殖策略假说的论述明显多于其他假说，普遍认为杀婴行为可能具有提高杀婴雄性繁殖效率的适应性意义。

我怎样才能保护我的孩子?

猴博士:

感谢您的回信,可是您知道失去孩子对于我意味着什么吗?我可以以我的生命为代价保护孩子,让他不再受伤害。请您告诉我,我该怎样做?

悲痛欲绝的长尾叶猴母亲

来自印度

我也有孩子,能理解失去孩子对母亲的巨大打击。我感到很抱歉,希望你早日振作起来。长尾叶猴雌性一般都会抵抗杀婴的雄性,有时会联合七大姑八大姨等血缘雌性一起抵抗雄性。除了直接抵抗以外,我给你介绍一些其他保护孩子的策略:

1. **你应尽量与那些危险雄性保持距离。**例如狒狒和叶猴的哺乳期雌性会抱着幼崽坐在外围与新家长雄性保持一定距离。在两群相遇的冲突中,带婴雌性也应尽量回避靠近冲突区域。

2. **你可以采用积极交配的方式,暂时满足雄性交配欲望。**例如红绿疣猴和长尾叶猴的一些怀孕雌性会出现假发情现象,与新主雄交配,减少杀婴现象。狮尾狒狒和黄狒狒的孕期雌性与新雄性家长频繁交配,并出现流产现象。提前流产现象也频繁出现于啮齿类和野马等种类,这可以缩短雌性繁殖的间隔时间,减少产后杀婴对雌性造成的巨大损失。

3. **你可以依靠其他雄性抵抗杀婴雄性的骚扰。**杀婴雄性一般不敢靠近有雄性保护的母子,担心风险过高。很多哺乳类的雌性仅在繁殖季节与雄性一起生活,而灵长类雌性与雄性常年生活在一起,可能是防范外来雄性杀婴行为的适应性对策。

4. **你和群内雌性可以通过改变群内组成减少杀婴现象。**从社会进化的角度来看,一雄多雌群的弊端是一个雄性垄断多个雌性,激化了雄性间的竞争,从而导致杀婴。对于杀婴现象较频繁的种类,形成多雄多雌群是抑制雄性竞争和杀婴行为的有效方式之一。雌性也可以通过与不同雄性交配,混淆群内父子关系,使雄性担心杀死自己的后代,而减少杀婴现象。

日本猴雌性联合抵抗外来雄性（张鹏摄于日本小豆岛）[上]
川金丝猴雌性依靠雄性抵抗外来雄性（张鹏摄于秦岭）[下]

例如，豚尾猴、山魈、鬼魈等种类平时生活在一雄多雌群，但在繁殖季节不同群的雌性们聚合在一起与群外雄性交配，混淆父子关系，这有效回避了雄性杀婴现象。

　　我给很多猿猴母亲介绍过这些方法，但是实际效果并不好。主要是因为长尾叶猴雄性的体型和犬齿都明显大于雌性，很容易造成雌性和婴崽的致命伤害。并且雄性只需要发起几秒钟的突然攻击，就足以造成婴猴的致命伤害，所以有些雌性甚至放弃了抵抗。猿猴出现杀婴的主要原因是雄性杀婴获得的利益明显大于其受到的损失。

人类的杀婴现象

　　人类历史上曾经普遍出现杀婴现象，传统社会中也允许特定的杀婴行为。例如，很多传统社会曾将双胞胎视为恶魔替身，会杀死其中一个。传统社会中养育子女非常困难，例如桑族母亲每15分钟哺乳一次，每天哺乳近百回，哺乳期长达两年半。可以想象原始部落的母亲是无法同时养育两个婴儿的。与其累死母亲和饿死孩子，不如尽快杀死体型瘦弱的一个，保证母亲和另一个孩子的存活。从杀死双胞胎的比例来看，在母亲缺乏帮助的家庭中，杀婴比例明显高于有亲戚们帮助的家庭。

　　南美原始亚诺马莫农耕社会中，两个孩子年龄相距较近的话，会杀掉小的新生儿。爱斯基摩人在迁徙季节出生小孩的话，会主动杀掉小孩。很多事实表明杀婴行为不完全是个体的病态现象，而更可能是人类社会中普遍存在的社会现象，具有一定的适应性意义。

　　人类杀婴行为在很多地区发展成为风俗习惯。例如中国有灭族杀婴文化，日本有殉葬杀婴文化，古希腊、罗马、印度等也都有将婴儿献祭给神灵等超自然力量的文化。如今杀婴习俗渐渐在世界绝迹，但是仍出现在个别地区，例如我国和印度农村普遍存在重男轻女思想，造成抛弃、伤害女婴的行为。

　　现代社会中女性杀婴者比例明显高于男性，频率最高的是生活压力较大的30~40岁女性。人们常常认为"虎毒不食子，这些女人都是精神病"，将责难一边倒地砸向她们。但是我们现在知道杀婴并非都是个体的病态现象，从行为的深层原因思考，这些行为可能是女性对身边恶劣环境的行为反应，例如现代社会育儿成本高昂、育儿女性身边缺乏亲缘个体帮助等。我们真正需要的是反思如何改善育儿环境，减少杀婴的悲剧。

人类为什么战争不断？

猴博士：

您好。我是一只快成年的黑猩猩。我的父亲是群中的领袖。在外族入侵时，父亲会带领大家保卫领地。有时候为了扩大领地，父亲也会带领大家入侵其他群体的领地。而当群里出现争执，父亲会将闹事的家伙暴打一顿，以示警诫。但是这么多年来，我们的家族里从来没有屠杀过同类。

我不理解人类为什么会热衷于屠杀同类。第一次世界大战、第二次世界大战都是人杀人的过程。而且他们不认为杀人是坏事情，反而会将岳飞、成吉思汗等杀人最多的人树立为英雄。自相残杀是人类的本能吗？

爱好和平的黑猩猩

来自刚果共和国

战争并不是人类社会一开始就有的。人类进化史有500多万年，其中99%的时间过着狩猎采集生活。在这一漫长的历史时期内，人们集体居住，共同采集、狩猎食物，平均分配共同获取的有限的食物，基本上没有战争。

后来，随着人口的增多、部落的扩大，原始部落需要扩大生存、采集和狩猎地域，导致部落与部落之间争夺土地、河流、森林等生活资源，开始了原始状态的武力冲突和战争。但是这些原始战争都是区域性的，很少导致大规模死亡。

实际上，所有的群居动物都会面临群内冲突，甚至是激烈争斗，这会影响个体关系和社会稳定。所以群居哺乳类动物在长期的适应过程中形成了有效地解决纷争的行为学机制。纵观整个动物社会进化，攻击能力强的物种都具有很好地和解能力。例如狼具有超强的攻击能力，强壮的犬齿可以轻易杀死对手，但是狼也相应进化出很好的和解能力，出现冲突时地位低的个体会夹起尾巴，发出哀求声，甚至躺下将柔软的腹部展现给地位高的个体。所以，攻击行为与和解行为的平衡是动物社会稳定的重要因素。

行 为 与 文 化

黑猩猩组成巡逻队（Ohashi 摄于坦桑尼亚）　　黑猩猩群内冲突与和解（Laura 摄于坦桑尼亚）

猿猴很少屠杀同类，因为他们具有高超的冲突管理策略：

1. 在冲突前阶段，他们具有防止社会冲突升级的行为规范。例如，个体通过屈服行为、明确等级地位和尊重所有权等规范约束个体对资源的竞争，起到"关系润滑剂"的作用。

2. 在激烈冲突后，他们会通过频繁挨坐、拥抱和理毛等方式和解、安抚和修复社会关系。

3. 通过与第三方帮助和解与改善冲突双方关系，例如通过接触对方的亲缘个体来缓冲矛盾。

倭黑猩猩是非常懂得管理社会冲突的种类。他们频繁通过性行为来缓解冲突。所以有人说倭黑猩猩是典型的要性爱不要战争的种类。

人类传统社会也经常采用要性爱不要战争的策略。例如，非洲原始部落频繁通过部落间的婚配或性关系，增加相互的亲缘关系，减少个体间、部落间的社会矛盾。这种通婚现象在欧洲皇室之间，中国与邻邦皇室之间也不少见。这些社会调解机制有利于控制攻击行为，减少战争。

但是，现代社会为什么会频繁出现大规模的战争？从行为进化的角度看，攻击能力与和解能力的不平衡是导致社会不稳定的根源。与其他动物相比，人类缺乏尖牙利爪，自身攻击能力较弱，所以我们没有形成出众的和解能力。但是现代人最出众的是发达的科技文化，这一能力被转化为发明杀人武器，尤其是近代对火药、枪支和核弹等武器的开发，使得人类攻击能力被迅速提高千万倍。然而，我们的和解能力并没有相应提高。攻击能力与和解能力的急剧不平等导致社会不稳定和现代战争的出现。

哪些猿猴喜欢吃肉？

猴博士：

您好。我是一只眼镜猴。我特别爱吃肉，从不吃素。我准备组织个"猿猴肉食俱乐部"，让大家在品尝美味的同时又补充营养，享受快乐生活。您知道哪些猿猴可能会吃肉食呢？我先跟他们联系一下。

一只超爱吃肉的眼镜猴

来自菲律宾

据我所知，眼镜猴是唯一完全依赖肉食的猿猴，主食软体动物、昆虫、两栖类和小型爬行类等。在全世界猎手排名榜上，眼镜猴一直都是前十名，排名超过狮子和鳄鱼等著名肉食动物。眼镜猴具有一系列成为高级猎手的特征，例如他们的头部可以360度全方位转动；休息时可以睁一只眼闭一只眼，继续保持警觉；可以一跃捕食2米开外的猎物（跳跃距离是其体长的10倍以上）。

你想组织"猿猴肉食俱乐部"可能会比较困难，因为绝大多数猿猴的食物以果实、树叶和种子等素食为主。不过有些种类偶尔会取食一些肉食，补充蛋白质。我可以介绍给你认识一下，例如卷尾猴和草原狒狒等会捕食老鼠、野兔、小鹿和鸟等小型动物。野生大猩猩从不取食肉食，但动物园的大猩猩会吃肉。不过，会吃肉不等于会狩猎，上述种类不会集体狩猎或分配肉食，其狩猎技能和分配能力需要一定的提高。

黑猩猩应该是你重点联系的对象。他们会捕食红绿疣猴、野猪等

超爱吃肉的眼镜猴
（张鹏摄于日本猿猴中心）

行 为 与 文 化

黑猩猩的肉食行为（图片资料来源 Nicholas M, Goodall J. *Brutal Kinship*. 1999. Aperture Foundaton Inc.）[左]
人类的肉食行为（图片资料来源 Boyd R, Silk JB. *How Human Evolved*. 2009. London: Norton & Company New York. p282）[右]

小型哺乳类，而且他们懂得合作狩猎，会用木棒追打猎物。合作狩猎时，有的黑猩猩负责驱赶，有的负责截获，还有的负责分配肉食。肉食不仅稀缺，而且是高价的政治货币，只有首领雄性具有分配肉食的特权，他会优先将肉分给与自己有联盟关系的雄性、自己的亲缘个体和发情雌性，而很少分给与自己作对的个体。而没有分配到肉的个体则通过乞讨行为来讨好高地位个体。食物分配促进了黑猩猩价值观的形成，可能是原始人类形成物品交换和交易的前提条件。黑猩猩的集体捕猎行为也暗示了脱离森林的尝试。由于80%的狩猎者是雄性个体，所以你最好邀请雄性黑猩猩作为会员。

你还可以联系一下人类。猿人成功走向了非洲草原，在草原生活中进一步锻炼了合作捕猎和食物分配的能力。草原里有很多食物，如果一个家庭采集了很多水果，而另一个家庭放倒了一只河马，双方一时都吃不完，这样就可以相互交换果实与肉食，形成基本的物物交换关系。另外，男人们与猛兽作战时会有受伤或残疾的可能，伤残生病的男性可以用缴纳食物或武器的方式请人替代他狩猎。食物积累和合作狩猎促使猿人们形成了分配与交换的经济关系，促进了人类社会的发展。此外，猿人获得了高营养的动物蛋白，繁殖成功率提高、寿命延长、体型变大。在使用武器和更新狩猎技术的过程中，智能有了进一步的提高。肉食对猿人的生理和生态影响巨大。

"猿猴肉食俱乐部"不仅可以享受美食，还有助于了解猿猴进化和人类起源的历程。

猿猴会自己治病吗？

猴博士：

　　您好。我是一只黑猩猩。我从小身体不太好，经常得病，主要是拉痢疾。我想开些药，但是动物诊所里的大夫只懂得给猫和狗等宠物看病，不会给猿猴看病，所以我的病情一直拖着。您知道我在哪里可以治病吗？

生病的黑猩猩

来自坦桑尼亚

　　你为什么一定要找人给你治病呢？黑猩猩是懂医术的。只要你注意观察周围动物的行为，就会学到最好的治疗方法。

　　坦桑尼亚黑猩猩患痢疾、困倦、蛔虫病等病状时，会寻找平时很少取食的驱虫斑鸠菊等植物。咀嚼这种带苦味植物茎叶，吞咽渗出的苦汁，24小时内可以明显减少病症表现，改善身体状况。其粪便中出现被杀死的虫卵和成虫。现代科技分析发现这一植物确实含有抗菌、抗肿胀、提高免疫力的多种生理活性物质，可以抑制体内肠节虫的繁殖活动，也抑制血吸虫的活动和繁殖，杀死疟疾、利什曼病和阿米巴痢疾的抗原（见下页图）。实际上，非洲当地人们也普遍将驱虫斑鸠菊作为药用植物使用。

　　上述是化学方法除虫，而黑猩猩还会采用物理方法除虫。黑猩猩出现蛔虫等肠道寄生虫病时，会选择表面粗糙带小倒刺的叶子，慢慢放入口中，一枚一枚地吞下。坦桑尼亚黑猩猩主要吞食无花果和鸭跖草属植物叶片，最多会吞下100枚。叶表面的小倒刺加速肠道蠕动，减少消化时间，容易将肠道肠节虫等寄生虫排出体外。5~6小时后，叶片经过肠道被排出，与化学方式除虫法不同，排出的叶片大多是完整未完全消化的状态，叶片表面的小倒刺上挂满了虫卵和活成虫。目前已知黑猩猩、倭黑猩猩和低地大猩猩吞食40多种植物叶片用于自我理疗。

　　虽然"医食同源"一直被认为是中华民族的传统美德，但是如果我们将视野更宽一些，我们会发现世界上所有民族，甚至很多动物都会使用食

行 为 与 文 化

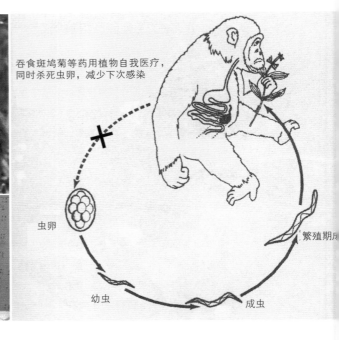

吞食斑鸠菊等药用植物自我医疗，
同时杀死虫卵，减少下次感染

虫卵

幼虫

繁殖期

成虫

黑猩猩自我理毛，除去体表寄生虫（Ohashi 摄于坦桑尼亚）[左上]
山区村医抓草药为笔者看病（齐晓光摄于秦岭玉皇庙村）[左下]
黑猩猩自我医疗，排除肠道内寄生虫（图片资料来源 Kyoto University. *The Science of Primate Evolution.* 2007. Kyoto University Press. Kyoto. P143）[右]

猿
猴
家
书

物治病。类人猿使用的药用植物大多与当地人类使用的相似，治疗的疾病也相似。
自我理疗行为反映了黑猩猩和当地人对森林环境的适应和智慧。

　　值得一提的是，黑猩猩吞食叶片采用了纯物理性清理肠道寄生虫的方式，没有
化学药物的副作用，这一经验将来可以为人类驱除肠道寄生虫研究提供借鉴。

为什么有的猿猴不怕水？

猴博士：

您好。我是生活在长野县地狱谷的一只雄性日本猴。我们应该是世界上最有名气的猴子了，因为我们这里的猴子掌握了"泡温泉"的绝活。据说全世界的猴子都怕水，只有我们这里的猴子会泡温泉。每年有上百万人来与我们合影留念。新闻上关于猴子洗温泉的报道说的都是我们。但不知为什么，我天生怕水，从来不敢进入温泉池，只能坐在旁边看其他猴子泡温泉。我现在都不敢照相，太丢面子了。您能告诉我如何克服自己的恐水心理吗？

有恐水症的日本猴
来自日本长野县

其实你没必要不好意思。因为猿猴是在山林里活动的种类，几乎所有种类都有恐水症。

你家乡长野县地狱谷公园的猴群是绝无仅有的特例。这里的猴子非常喜欢泡温泉。尤其在寒冷的冬季，泡温泉已成了猴群的重要活动，多数猴子喜欢在温泉池里安静地泡上若干小时，也有的个体特别好动，不时潜入水中寻找食物。这一奇特的行为开始于1965年冬季，一只2岁左右的少年个体尝试泡在当地旅馆的温泉里取暖。很快泡温泉的行为在地狱谷猴群里传播开来，随后这一行为被代代相传，维持至今已成为当地猴群的习惯性

泡在水中的都是雌性和幼崽，没有雄性（张鹏摄于日本地狱谷）

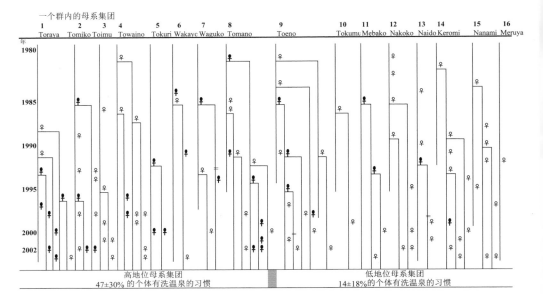

日本地狱谷一个日本猴群的谱系关系及其温泉文化的发展（1980~2003年）。最上面的名字是群内各母系集团母亲的名字。♣是有洗温泉习惯的个体（即每年进入温泉池不少于10次的个体），♀是没有洗温泉习惯的个体（即每年进入温泉池少于10次或不进入温泉的个体）。由于雄性都会自然离开出生群，没有被列入表内。

日本猴泡温泉文化的家族传承（张鹏制图）

行为——这也是猿猴文化行为的一个范例。

如果我们分析泡温泉习惯的传承谱系，可以推理这一行为在群内的传播过程。从1980年到2003年，114只或31%的雌性养成了冬季泡澡的习惯。有些雌性频繁地泡温泉，其子女儿们也很容易养成泡温泉的习惯；而有些雌性很少泡温泉，其子女们也就很少有机会接近温泉池，大多没有泡温泉的习惯。由于等级地位高的雌性总是霸占温泉池，驱逐地位低的个体，泡温泉逐渐成为一种"贵族性文化"，泡温泉的多是高地位家族的个体。这一结果暗示了洗温泉的习惯主要是在母子间学习的方式传播和稳定下来的。

有意思的是温泉里泡澡一般只有雌性，而很少有雄性。这主要是因为日本猴形成的是母系社会，群内的雄性都是外来的个体，他们从小没有经历过泡澡文化的熏陶，也就很少能养成泡温泉的习惯。社会结构是文化的载体，日本猴的温泉文化就是在母系社会的基础上从母亲到女儿一代一代的继承着。

现在你可能明白了吧。你不敢泡温泉，是因为你从小没有养成这个习惯。你们群里的成年雄性都是和你一样的，不敢洗温泉的。

186

猿猴家书

猿猴有没有文化行为?

猴博士:

　　您好。我是一只叟猴。看到您上封信中说猿猴也有文化行为,我感到非常惊奇和兴奋。文化不是人才有的吗? "猿猴有文化行为"是您一个人的想法,还是其他人也这样认为? 能不能给我们介绍一下猿猴的文化行为?

叟猴

来自摩洛哥

　　这个观点当然不是我一个人的。随着灵长类行为学的发展,人们发现猿猴也有多种文化行为,并推翻了 "人类是唯一具有文化的动物" 的定义。日本猴洗红薯、黑猩猩钓食白蚁和砸坚果的文化行为已经家喻户晓,成为很多国家教科书中动物文化行为的范例。猿猴文化虽没有人类文化那样博大精深,但两者可能是一个连续的过程。下面我以日本猴洗红薯的文化行为举例说明。

　　日本猴洗红薯行为是最早被发现的猿猴文化行为。1953年研究者给幸

[62] 叟猴(*Macaca sylvanus*)是欧洲唯一的野生猿猴,猕猴属的一种。地栖性,无尾,群栖于阿尔及利亚、突尼斯、摩洛哥和直布罗陀的高地森林。体长约60厘米,毛淡黄褐色,成年公猴体重约有16公斤,成年母猴11公斤。可能是由罗马人或摩尔人引进叟猴到直布罗陀的。

叟猴[62](张鹏摄于日本猿猴公园)

日本猴洗红薯的文化行为
（Watanabe Kunio 摄于日本幸岛）

岛猴群投食红薯，猴子们聚拢过来抢食，但是红薯上带有很多泥巴，吃起来很碜牙。不久一只叫"一默"的2岁少年雌性拿着红薯到旁边的小溪里洗净再吃，提高了取食效率。随后一默的这一行为在群里被横向传播，她的伙伴和妈妈相继学会了洗红薯的做法，1962年全群75％的个体掌握了这一能力，随后这一行为开始纵向传播（从母亲传播给子女），并在群内世代继承下去。不同年龄性别中，青少年对新事物接受得最快，而年老个体学得最慢。现在一默已经不在"猴世"，但是一默发明的洗红薯行为仍然在幸岛猴群中被世代继承着。

人类形成各地区相似的饮食习惯、方言等文化，也有类似的基本传播方式。例如我的家乡陕西人喜欢吃凉皮，相传秦始皇在位时，秦镇一位叫李十二的农民，将打下的稻米制作成条状的凉皮上贡，获得皇帝赏识，自此秦镇家家户户蒸米皮，这一习俗与技艺经过横向传播和纵向传承，成了陕西的一道饮食文化。

文化与本能不同，是非遗传性出生后习得，通过一定途径传播和继承的行为。猿猴的所有文化行为都不是天生就会的，而是某个个体创造出，通过横向（朋友）或纵向（母子）间的途径传播，随后世代继承保留下来的，成为某个种群特有的行为。随着研究进展，越来越多的灵长类文化行为被发现，例如非洲黑猩猩和南美卷尾猴用石头砸开坚果的文化行为；泰国食蟹猴用石头敲开贝壳的文化行为；黑猩猩、倭黑猩猩自我理疗的文化行为等。最近甚至出现了文化灵长类学的新领域，对灵长类文化行为的探讨也有利于提高人们的生物保护意识。

猿猴家书

猿猴是否会使用工具？

猴博士：

您好。我是一只卷尾猴。我平时特别爱动手，会用石头撬开牡蛎，用树叶舀取树洞里的水，还会用树枝除去毛毛虫身上的毒毛。朋友们都夸我是最聪明、最爱用工具的猴子。请问我这算是使用工具吗，与人类使用工具有什么区别吗？

动手能力超强的卷尾猴

来自委内瑞拉

当然算是使用工具了。在200万~150万年前，人类处于能人阶段时，只会使用石片、石锤等简单的工具。这种状况延续了100多万年，基本上没有发明新式工具。在更早一些的南方古猿阶段，至今仍没有可以证明人类曾使用过工具的考古发现。很多我们日常使用的复杂工具（电话、电脑、自行车等），都是最近几百年内才出现的。

很多动物都可以制造和使用工具，包括昆虫（例如织巢蚁用树叶编制巢穴）、鸟类（例如乌鸦、白兀鹰、缝叶莺等会使用自然物件）、哺乳类（例如海獭仰躺在水面上，用石头敲砸取食放在腹部的贝类）等。尤其以猿猴使用工具的形式最为多样。目前观察到8属17种猿猴都会使用工具，包括卷尾猴亚科、猴亚科和猩猩科种类。

和你们卷尾猴一样，猴亚科种类也掌握了用石头打开食物等类似的能力。此外，长尾猴和日本猴会用水洗红薯、洗草根；日本猴会将青蛙挂在树枝上晾晒；狒狒会用石头砸开种子，用树枝取食植物根茎。

黑猩猩使用工具更加多样，可以使用60种以上的工具，例如用草秆钓昆虫、制作杠杆、石锤、木钻、杵等工具、制作垫子坐在湿地上等。大多数这些使用工具行为都与取食有关，在食物不丰富的季节，可以通过使用工具扩大食物的品种和质量，提高生存和适应能力。

以上是果食性、频繁在地面生活的种类。而叶猴、长臂猿和猩猩等叶食性或长期在树上生活的种类则很少出现使用工具的现象，由此看来，灵长类的取食技术可能受生态因素影响。

使用石器工具的卷尾猴[63]（图片资料来源
Remond I. *The primate family tree*.2008. Firefly
Books Ltd. ）

[63] 卷尾猴（*Cenus apella*）是一种小型的
新世界猴，生活在南美和中美的雨林地
区。主要以植物为食，取食嫩枝和树
叶。通常在白天成群活动，每群有10
只左右。卷尾猴的脑重量为79克，相
对脑重（脑重除以体重）超过人类，
是一种非常聪明的猿猴。

黑猩猩使用工具砸坚果（Ohashi 摄于坦桑尼亚）

　　人类初期制作的工具非常简单粗糙，与猿猴使用的工具没有本质区别。例如，在森林食物匮乏的季节，猿人和草原狒狒都会用木棒挖掘植物地下根茎。这些木棒随后在猿人那里变成了自卫的武器，或者成为用于狩猎野生小型动物的工具。

　　在离开森林适应草原等严酷生存环境的过程中，猿人为了获得食物和保证自身安全，逐渐锻炼并提高了制造和使用工具的能力。随着智能的提高，人类使用工具的能力越强，可以在一个发明的基础上进行下一个发明，并将这些发明以文化的形式保存下来，从而促进了人类复杂工具的产生。对猿猴的研究已经推翻了"人类是唯一会制造和使用工具的动物"的传统定义。

早期人类使用的石器工具

（张鹏摄于日本京都大学）

　　行为与文化

人类文化的特征

相对于灵长类文化，人类文化的特征主要表现为以下几个方面。

1. 人类行为通融性非常高，可以通过学习掌握多样的文化。例如人们可以学习掌握多种语言，而猿猴不会。

2. 人类会有意识地积极教育其他个体的行为，例如家长主动给孩子进行示范，因此在现代社会中形成了更系统的学校教育模式。而猿猴一般缺乏有意识的教育，幼崽自行观察学习母亲的行为或者自己进行尝试。

3. 人类具有强大的传达信息能力，人类可以通过语言、书信、艺术、网络等多种方式传达信息，信息传达效率更高。

4. 人类具有储存信息能力，指人类可以通过书本、电脑硬盘将大量的信息储存于大脑之外，其他动物没有这种能力。

5. 人类维持文化的能力更强，甚至可以强制维持某一文化，例如一些极端宗教信仰者可以自我绝食饿死在美食面前，其他动物则不会出现这样的现象。

人类主动教育的现场　　　　　猿猴主要依靠自我探索式的学习
（张鹏摄于中山大学）　　　　（张鹏摄于日本高崎山）

第六章

社会与交往

我们是办公室里的猴子，待在办公室里就像猩猩待在动物园里一样习惯。即使单位里只有几个人，我们也会形成复杂的人际关系，像猿猴一样为了确立在团体中的地位而明争暗斗。作为一个下属，我们想知道自己应该在什么时候咧嘴笑；作为一个领导，我们想知道为什么职员们各个呆若木鸡。道法自然。猿猴社会中蕴藏着我们在办公室丛林中的生存之道。

日本猴相互理毛，维持良好关系 （张鹏摄于日本高崎山）

猿猴有没有宅男和宅女？

猴博士：

您好。我是一只褐美狐猴[64]。可能因为从小生活在大家庭里的缘故，我喜欢热闹，特别害怕孤独。但是我的邻居婴猴，总是独来独往。他白天从来不出门，只有到了凌晨才独自出行。难道他不害怕吗？为什么有些种类的猴子是单独生活的，而有些种类的需要群居呢？

一只喜欢热闹的褐美狐猴

来自乌干达

你的邻居婴猴的确都是宅男宅女型。每只个体都有自己的领地，一般不允许其他个体（甚至异性）闯入领地，相互之间缺乏社会交往。这种单独生活是最为原始的灵长类的生活方式，主要集中在鼠狐猴亚科、狐猴亚科、懒猴科等夜行原猴类。这些种类单独生活主要是因为：

1. **群体生活容易暴露自己，不利于一些小型猿猴的生存。**例如很多原猴类体型较小，他们采取夜行性、单独生活的方式隐蔽自己，这样更有利于回避捕食者。如果聚集成社会群的话，反而更容易被捕食者发现。

2. **群内生活最大的问题是对食物的竞争。**食物资源总是有限的，如果群内个体过多，就会存在取食困难。群内斗争有时会很激烈，不仅很浪费体能而且会导致受伤甚至死亡。

褐美狐猴（张鹏摄于乌干达）

[64] 褐美狐猴（*Eulemur fulvus*）生活在马达加斯加北部和西部的热带雨林、科摩罗马约特岛。群居，每群由3~15只个体组成，会在身上涂抹尿液作为气味识别，以鉴别群集和领地。于黄昏及黎明活动，喜食果实、树胶等。

群体生活有什么好处？

[62]

猴博士：

您好。既然单独生活有这么多好处，群体生活有危险，又增加食物竞争。那么，为什么很多猿猴还要过群体生活呢？

灵巧的侏狨

来自南美洲厄瓜多尔

从灵长类社会进化的角度看，越高等的动物越倾向于群体生活，例如眼镜猴形成了一夫一妻社会的雏形，暗示着夜行性原猴类从单独生活向一夫一妻型社会的进化趋势。高等猴类和类人猿普遍生活在由3~800只个体组成的社会群。高等灵长类进化形成社会群，是有其原因的：

1. **群体生活有利于防止捕食者**。个体多防范的眼睛就多，可以较早发现隐藏在附近的捕食者。这样可以对个体及其子女提供较安全的保证。大群也会使捕食者的目标模糊，减少针对某一个体的危险。受到攻击的时候，群体成员还可以共同防御或反抗捕食者。

2. **群体生活可以保证群的活动区域，保证食物资源和安全的休息场所，也可以从其他个体或群中抢夺资源**。有的种类还形成了离散—聚合的社会群，平时分散生活，而食物充分或雌性发情时个体们临时聚集形成社会群。

[65] 侏狨（*Callithrix pygmaea*）是世界上最小的猴，体长大约只有14~16厘米（除去约15~20厘米的尾巴）。生活在南美洲亚马孙河上游的热带雨林里，雄性体重140克，雌性体重120克。虽然在2003年发现了体型更小的新物种倭狐猴，但侏狨仍然是最细小的猴类。

侏狨[65]（张鹏摄于日本猿猴中心）

群体生活（左图张鹏摄于日本小豆岛；右图张鹏摄于英国伦敦）

3. **群体生活有利于发现异性**。营单独生活的动物普遍面临如何发现异性的问题，例如熊猫雌性经常因为在发情期找不到合适的雄性，而失去繁殖的机会。而群里生活的个体不用努力寻找异性，有利于找到最合适的配偶。

4. **群体生活有利于信息共享**，例如哪里有食物、水源等信息。此外在其他个体协助警戒捕食者的时候，群内个体可以安心取食。

5. **群体生活有利于发展取食文化、制造和使用工具等文化行为**。最近研究表明同种不同地区的会有不同的食谱，一些新创造的行为会在群内成员间传播并世代继承，而单独生活时只有母亲能向子女传授知识，群内生活时，每个群体成员都可以向他们传授知识。

猿猴形成了多样的社会结构，包括一夫一妻型社会、一妻多夫型社会、母系一夫多妻型社会、母系多夫多妻型社会、母系重层社会、双系型社会、父系一夫多妻型社会、父系多夫多妻型社会和父系重层社会等至少十个类型。如下页图所示，猴群的组成结构受捕食者、食物竞争等多种生态因素的影响。

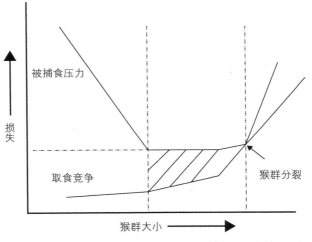

被捕食压力

损
失

取食竞争

猴群分裂

猴群大小 ⟶

群居的利与不利（张鹏制图）

人是社会性动物吗

　　人是天生的社会性动物。正如马克思所言："人的本质并不是单个人所固有的抽象物，在其现实性上，它是一切社会关系的总和。"人们也害怕孤独，需要和其他人建立起互动关系，在我们短暂又漫长的生命中，有些人是来去匆匆的过客，有些人却会和我们相处一辈子。很多动物也害怕孤独，如珊瑚的巨大集群，忙忙碌碌的蚂蚁和蜜蜂家族，成群迁徙的大雁，共同狩猎的狼群和相互梳理毛发的猿猴。

　　人类社会也是由单个个体组成的，但是比动物社会更加复杂而多样。人类的婚姻模式有走婚、一夫多妻、一夫一妻和多夫多妻等多种家庭模式。这样复杂的社会系统不是突然凭空出现的，而是受社会进化和文化雕饰等多个因素的影响。观察猿猴社会是探索人类社会形成的基础。

夸一下我的好老公

猴博士：

您好。我是一只夜猴。我写信就是想夸夸我的老公。我们一家人住在树洞里的小窝，他每天为我们清理小窝，为孩子们找吃的。其他夜猴曾经想抢占我们的小窝，我老公一马当先地把那些强盗都赶跑了。他就是那种特别可靠的老公，从来不会和其他雌性有交往，外出时总都会带上我和孩子。我算嫁对人了。您知道还有哪些猴子的配偶是像我们这样恩爱的？

一只幸福的夜猴

来自委内瑞拉

总的来讲，15%的猿猴种类是一夫一妻的。一夫一妻型社会是指雌雄间形成一雄一雌的配偶关系，父母群不会接受外来的个体，子女性成熟后也必须离开父母。迁出的子女与异性相遇后形成新的群。这种社会形式没有母子或父子的继承关系，是灵长类社会中较为原始的社会模式。例如，驯狐猴属、领狐猴属的种类和鼬狐猴等原始种类都形成了这种社会形式。一夫一妻型社会在高等灵长类中并不多见，只有新世界猴的夜猴和伶猴属的部分种类、旧世界猴的德氏长尾猴和门岛叶猴。类人猿的原始种类长臂猿也生活在一夫一妻社会。

[66] 夜猴（*Aotus trivirgatus*）为世上唯一昼伏夜出的高等灵长类，生活在巴西、委内瑞拉的热带雨林，眼睛集光能力很强，在近于漆黑的环境里，照样能捕捉到正在飞行的昆虫。彼此主要通过叫声和气味来沟通。

一夫一妻的夜猴[66]（张鹏摄于京都大学）

一夫一妻的门岛叶猴（Watanabe Kunio 摄于印度尼西亚苏门答腊岛）［上］

一夫一妻的长臂猿（张鹏摄于日本猿猴中心）［下］

201 社 会 与 交 往

坚守一夫一妻婚配

猴博士:

您好。我是一只长臂猿。有人说长臂猿是唯一具有一夫一妻型社会的类人猿,甚至推测人类的一夫一妻家庭可能直接由长臂猿的社会进化而来。但是,我怀疑人类是否真的是一夫一妻的物种。因为人类出现了很多违反一夫一妻规范的现象,例如,台湾地区的雅美族和大陆的土族都曾经有过群婚的婚配制度。现代中国法律已经禁止婚外性关系,但是养情妇、婚外情和日益增长的离婚现象仍然层出不穷。人类的家庭关系真的是由长臂猿社会进化来的吗?

坚守婚姻的海南长臂猿

来自海南省霸王岭

长臂猿群内一般包括一对父母,年轻的儿女和新生的幼崽,一般最多6只个体。雄性的主要任务是维持领地,保证配偶和子女有足够的生活资源,防止外来雄性骚扰,保证子女的安全。长臂猿没有明显的发情期,理论上可以全年交配。但是由于雌性妊娠期较长,长臂猿每隔3年才生第二胎,他们一般不会在妊娠期和哺乳期间交配,配偶间常常1~2年内不发生性行为。即使这样,也能够保持稳定的配偶关系。从恋爱到死亡,长臂猿一般一生只与一只配偶交配。

人们青睐长臂猿,常常因为他们是唯一有一夫一妻型社会的类人猿。配偶共同保卫领地和养育子女,而且有长期稳定的配偶关系。这些特点都与人类家庭不谋而合。但是从社会学的角度来说长臂猿群和人类家庭其实相距甚远,因为一个是一夫一妻群,另一个是重层社会。长臂猿一夫一妻群向家庭的进化面临着诸多隔阂,其中包括:

一夫一妻的长臂猿(Matsuda ikki 摄于马来西亚)

64

猿猴家书

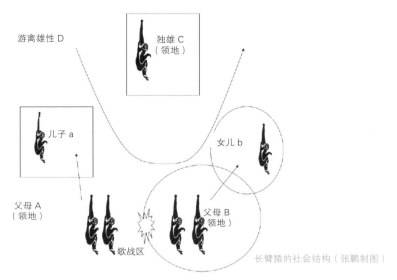

长臂猿的社会结构（张鹏制图）

1. **人类家庭没有领地性**。长臂猿的子女拥有领地后，与父母形成对立的关系。这样的社会模式缺乏母子或父子间的继承性，不利于形成多样的社会分工和文化。与其他种类相比，一夫一妻的灵长类种类普遍缺乏丰富的社会行为和交往。人类通过男婚女嫁的外婚机制，形成了父系或是母系的氏族关系。氏族内家族成员间维持着融洽的亲密关系，由此形成丰富的文化行为，而且文化可以通过母系家族或父系家族世代传承，形成稳定的经济分工社会。而长臂猿的社会里缺乏两性分工和文化继承性，与人类社会有着明显的差异。

2. **没有两性的社会经济分工**。早期人类祖先出现了分配食物等社会经济分工，随后发展到男性狩猎女性采集或是男耕女织等多样人类社会经济分工。而长臂猿的社会生活很简单，社会分工仅限于雄性警戒、保卫领土和雌性育儿，缺乏食物分配等经济分工（黑猩猩具有食物分配的经济分工）。

3. **反捕食能力低**。长臂猿生活在捕食压力较小的密林，维持了一夫一妻的社会结构，这种结构的反捕食能力较低。但是初期人类经历了离开森林走向草原的过程。草原里狮子和鬣狗等大型食肉动物横行，时刻都威胁着猿人的生命。猿人必须首先提高社会群的反捕食能力，这样就不可能形成一夫一妻群。草原上生活的赤猴形成了一夫多妻的社会结构，而且奔跑时速高达60公里/小时，是跑得最快的灵长类，这样才能躲避被捕食的厄运。草原狒狒具有不逊于鬣狗的强大犬齿，即使这样他们仍然形成了多雄多雌群，以进一步提高反捕食的能力。长臂猿安逸于热带森林的庇护，没有锻炼出足够的反捕食能力，所以他们无法离开森林走向草原，也就不可能进化到向人类那样的重层社会。

065

一夫多妻的赤猴

猴博士:

您好。我是一只赤猴，有四只老婆。我的这几个老婆都是姐妹或亲戚，即使这样，仍然经常会有矛盾。这件事情让我焦头烂额。我想知道还有哪些猿猴也是有多个配偶的，以便将来加强交流。

"韦小宝型"赤猴

来自埃塞俄比亚

一夫多妻型社会在灵长类中比较常见，分为母系和非母系两种。其中赤猴、长尾叶猴、黑白疣猴、白睑猴和鼬狐猴等很多猴科种类生活在母系一夫多妻社会。例如赤猴群一般由18~40只个体组成，共同保护领地。群内以血缘雌性为中心，女儿和母亲可以一生保留在出生群内共同生活，而儿子在性成熟前要离开出生群，去其他繁殖群寻找机会。母系一夫多妻型社会的弊端是激化了雄性间的竞争。雄性间频繁的相互伤害，甚至会引起杀婴现象。频繁的杀婴行为对种群繁荣必然是一个负面的影响。

父系一夫多妻社会仅见于大猩猩。大猩猩群一般由一只成年"银背"主雄（13岁以上成熟雄性的黑色背毛会逐渐变为银白色）带领，组成5~40只的群。儿子性成熟后一般会留在出生群，等待继承父亲的雌性和领地。而女儿则会离开父母，加入其他的繁殖群。大猩猩的父子关系影响着幼崽

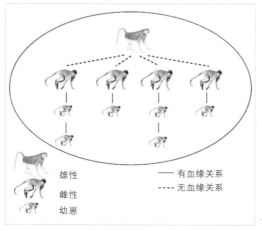

雄性

雌性

幼崽

—— 有血缘关系

---- 无血缘关系

一夫多妻的赤猴（张鹏制图）

一夫多妻的黑白疣猴 （左边为成年雄性，张鹏摄于日本猿猴中心）

父系一夫多妻的大猩猩 （中间为成年雄性， Matsubara Miki摄于荷兰阿姆斯特丹动物园）

的整个成长过程，这是其他灵长类动物望尘莫及的。由于父亲角色的稳定存在，女儿性成熟后就必须离开父母，迁移到其他繁殖群。父亲的存在促进雌性的迁移，确立了大猩猩的父系社会结构。

相对于一夫一妻种类，一夫多妻群的反捕食能力较强。在一只主雄占有多个雌性的情况下，使很多雄性没有配偶，流离在繁殖群周围，为繁殖群形成了一个保护圈。如果繁殖群内的主雄在抵抗捕食者时死亡的话，流离雄性会很快补充进来，成为新的主雄。这样一夫多妻群提高了反捕食的能力，而且雌性们不必冒险抵御外敌和捕食者，雌性死亡率降低，这一点与一夫一妻群相比要好一些。一夫多妻群内通过雄性间的激烈竞争，使强壮雄性可以获得更多的配偶，雌性也可以获得优良基因的后代。由于一夫多妻群可以同时满足雄性和雌性双方的繁殖策略，所以在哺乳类中比较普遍。

然而，**一夫多妻型社会的弊端是激化了雄性间的竞争。雄性间频繁地相互伤害，甚至会引起杀婴现象**。频繁的杀婴行为对种群繁荣必然是一个负面的影响。另外如果繁殖群内多个雌性同时发情，雄性家长很难独占所有发情雌性，会进一步激化雄性间的争斗。形成多夫多妻型社会是抑制雄性竞争和杀婴行为的有效方式之一。

社 会 与 交 往

人类的一夫多妻婚姻（1）

人类的一夫多妻婚姻，是指一个男子同时娶两个或两个以上女子为配偶的婚姻形式。全球近80%的民族和地区仍然承认或实施着一夫多妻的婚姻制度，主要在阿拉伯国家、非洲国家和泰国等穆斯林和佛教国家存在。中国则在1930年民国时期公布《民法》后完全废除了一夫多妻（或称一夫一妻多妾）婚姻，执行一夫一妻婚姻。基督教国家和近代工业国基本都实行一夫一妻婚姻制度。

即使有些社会不认同一夫多妻婚姻，但一夫多妻行为依然常见。以包养情妇、一夜情的形式而保存下来，一名男子可能拥有着法律上不承认的配偶，供养她及其所生育的非婚生子女。另一种现代表现形式是一系列的一夫一妻婚姻，通过不断地离婚和再结婚，形成经历多重伴侣的而又合法的夫妻关系。

人类的婚姻模式明显受文化、财富分配等因素的影响。实际上人类一夫多妻社会反映了资源分配的不平等，掌握资源多的男性比其他男性获得更多的配偶，尤其是在一万年前农业社会形成以后，随着人类财富的积累，进一步加剧了这种财富分配不平等的现象，促进了一夫多妻婚姻的普遍化。然而人类长期以狩猎采集生活，并没有多余的财富积累，婚配更加平等，更多的是一夫一妻婚姻。所以如今的一夫多妻的婚姻可能是文化和经济影响的结果，而不是人类最初的婚配模式。

猿猴家书

一妻多夫的杰氏狨

猴博士:

您好。其实我觉得一妻多夫也很好。我是一只杰氏狨，有两个丈夫。他们很会照顾我，主动照顾我的双胞胎孩子，让我有时间休息和取食。

一只有两个丈夫的杰氏狨

来自巴西

一妻多夫的杰氏狨（张鹏摄于日本猿猴中心）

一妻多夫社会在整个哺乳类中是非常罕见的。哺乳类雌性成功养育子女的数量不取决于雄性配偶的多少，而在于自己对繁殖和哺育过程的付出（详见4.1为什么老公不爱孩子）。雌性增加配偶数量，反而会因为穿梭于若干雄性之间而消耗精力。**在灵长类中，一妻多夫种类也仅限于髭狨等几个小型狨科种类。**

杰氏狨群实际上是多雄多雌群，由2~12只个体组成。不过群内雌性之间有明确的等级，仅地位最高的雌性参与繁殖，而其他雌性繁殖受到抑制，回避发情和交配，形成了实际的一妻多夫的繁殖关系。这种特殊社会的形成可能与狨科小型种类频繁出产双胞胎有关。雌性无法单独养子女，甚至无法取食和休息。多个雄性协助养育后代有利于提高后代的成活率。

[小知识]

人类的一妻多夫婚姻（2）

一妻多夫制是一种仅占世界婚姻总量1%的奇特婚俗与家庭制度，在我国，至今还保留在藏族、珞巴族、门巴族以及一部分纳西族中。一妻多夫的主要形式有：①有血缘关系的几个兄弟共娶一妻，一般由长子出面迎娶，以后造成兄弟共妻的事实；②朋友共妻。

多夫制除起源于群婚这一因素外，发展到现代，还有重要的经济原因。中国西藏门巴族的一妻多夫制主要是兄弟共妻，其形成原因主要由于农奴制度的压迫，兄弟共妻不分家，才能有力量应付繁重的"乌拉"差役。朋友共妻也是与经济原因有关的。此外，一妻多夫婚姻形成原因还包括：防止杀婴，保护财产不被分割以及担心婚后不育等。人类一妻多夫婚姻不具有人类社会的共通性，是属于个别的文化现象。

群婚的日本猴

猴博士：

　　您好。看来，还是我们日本猴的群婚社会更接近于人类的本初社会。我们群一般较大，比一夫一妻或一夫多妻群更加复杂。这样符合您之前总结的"灵长类社会是由简单向复杂的进化趋势"吗？

群婚的日本猴
来自日本小豆岛

　　群婚模式在猿猴中比较常见，分为父系社会和母系社会两类。前者出现于猕猴属、狒狒属等旧世界猴种类，卷尾猴科、松鼠猴属等新世界猴种类。这种社会中一般只有雄性迁出迁入，雌性保留在母群内。这样群里保留了稳定的母系关系。群内个体数量过多时，母群会分裂为若干小群，分裂一般是顺着母系血缘关系和氏族关系脱离的。

　　群婚的社会特点是在收纳了一夫多妻社会秩序的基础上发展起来的。其中血缘制、等级制和领导制是多夫多妻社会的三大支柱。第一，母系多夫多妻群内比一夫多妻群内个体数量更多，形成由母亲、女儿、孙女和姐妹等近亲雌性组成的家系集团。有时没有雄性，亲缘雌性们一样可以自成体系，这反映了血缘制在母系多夫多妻社会的支柱作用。第二，雄性间的严格的等级制可以减少雄性间的冲突，有利于猴群的稳定。第三，领导雄性的介入行为有效地制裁高地位个体欺压低地位个体的现象，使猴群内关系更加平衡和稳定。

　　父系群婚社会仅出现在人科的黑猩猩和倭黑猩猩中。黑猩猩一般过着集群生活，每群2~20余只，由成年雄性率领，活动范围一般有26~78平方公里。儿子一直留在群内，形成雄性联盟的基础，而女儿长大后离开出生群，到其他群中寻找配偶。雄性联盟是黑猩猩群的基础，雄性间的亲和度是雌性间的2.6倍。为了减少冲突，雄性间建立了明确的等级关系。这种等级关系基本上与年龄和战斗力有关，一般是中年雄性>青年雄性>老年雄性。

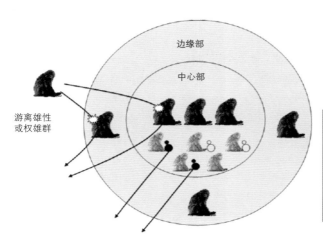

图例

成年雄性	
成年雌性	
雄性幼崽	
雌性幼崽	

边缘部

中心部

游离雄性
或权雄群

日本猴社会结构（张鹏制图）

　　黑猩猩雄性们自发组成巡逻队，积极参加保卫领土的巡逻任务，驱逐侵入的黑猩猩，或者掳掠一些落单的雌性。雄性们随时有扩张领地的企图，巡逻时他们会趁机侵入对方的领地。如果发现对方的战斗实力较弱，那么雄性们会攻击甚至残杀劣势群。黑猩猩的屠杀行为相当残酷，巡逻队事后还会回到施暴的现场，确认被打个体是否死亡，一些雄性甚至有嗜饮伤者鲜血的现象。实际上，人类的每一次战争都是同类残杀的过程，但是人们没有意识到自相残杀的残暴性，会将最擅长杀人的领袖树立为民族英雄。屠杀同类的行为映射了父系社会的残暴本性。

多夫多妻的黑猩猩(Laura摄于坦桑尼亚）

倭黑猩猩的多夫多妻社会

与黑猩猩相似，倭黑猩猩也组成了父系多夫多妻的社会。但是倭黑猩猩个体间的社会凝聚力更高，社会关系更平和。倭黑猩猩是典型的要性爱不要战争的物种，性行为相当多样，甚至非发情期异性之间、同性之间也会出现频繁地摩擦性器、抚摸阴部和爬跨等性接触。频繁的性接触也明显起到了增强集团凝聚力的作用。倭黑猩猩是唯一长期维持母子关系（母亲与儿子）的类人猿种类，建立了灵长类中罕见的平等社会，不同繁殖群间的敌对关系较为缓和，存在相互重复的领域。

人类的群婚现象

群婚指一个集团的一群男子与另一集团的一群女子集体互相通婚，而集团内部的男女则禁止婚配。在我国西南部的少数民族，非洲和南美洲极少数边远地区的土著部落，太平洋岛屿、澳洲大陆以及新西兰群岛的土著部落等个别地区，保留了多种形式的群婚制。

我国云南摩梭人在保持一夫一妻制的同时，还有"走婚"的现象，可以和其他的男子或女子保持性关系，其实就是群婚的遗留状态。我国的雅美族和土族也曾经长期维持着没有固定配偶的群婚婚姻模式。

印度南部纳亚尔人虽然有家庭，但是其社会的核心是由母亲和姐妹组成的母系氏族。女人可以同时与好几个丈夫结婚，婚后她们也不必跟随丈夫，而是继续和母亲姐妹们一起生活。丈夫们晚饭后会来访问妻子的氏族，但是第二天早上都会离开。由于妻子可以与若干男性婚配，丈夫们不知道哪一个孩子是自己的亲生骨肉，所以没有养育子女的义务，他们只需要给妻子支付一定的子女抚养费。这样在纳亚尔人的社会里，母系氏族承担着经济、教育和生殖等社会机能。

20世纪60年代，美国一些地区出现性解放思潮，曾出现群婚模式的尝试，最后均以失败告终。

家庭之间的关系

猴博士:

　　您好。我是一只川金丝猴。我们的家庭社会比其他猿猴的复杂。猴群由若干个一雄多雌的家庭单元组成,家庭单元成员由几只到几十只不等。家庭单元内雌性一般只与自己的家长雄性交配,偶尔也会出现偷情的现象。我们几个家庭单元一般会一起行动,形成一个大的社群。这样我们的社会包括个体、一雄多雌家庭单元和社群几个层次的结构,就好像人类社会中的家庭 — 家族 — 村落。这种社会层次结构又被称为重层社会。还有哪些猿猴形成了重层社会呢?

社交能力极强的川金丝猴

来自秦岭

　　目前仅发现埃及狒狒、狮尾狒狒和金丝猴属形成了重层社会。人类和埃及狒狒形成了父系重层社会;而狮尾狒狒和金丝猴属则形成了母系重层社会。**重层社会的出现使灵长类的社会结构焕然一新,它不仅具备其他灵长**

金丝猴的一雄多雌繁殖单元(张鹏摄于秦岭)

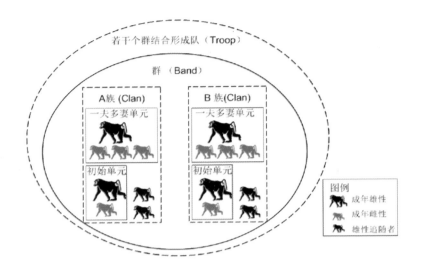

重层社会结构示意图（张鹏制图）

类社会中稳定的配偶关系、近亲繁殖回避机能等特点，而且完成了外婚制和社群的进化，是灵长类中登峰造极的社会模式。

　　非洲桑族也形成了开放的社会体系，而且与金丝猴的重层社会结构惊人地相似。非洲桑族的基本社会单元也是一夫多妻家庭，相互有亲缘关系的家庭形成"有持续性的家庭集合"的核心结构，其他家庭可能汇聚，但是也可以随时离开。家庭附近常常会出现造访者，这些访问者是单独男子或是家庭。他们可随意滞留或离开。这样非洲桑族社会和金丝猴社会有着很多相似之处，例如都是重层社会结构，由若干稳定的繁殖单元组成，这些繁殖单元都没有领地性，可以在同一活动区域内取食和活动，单元间有平等的社会关系，单元可以较自由地活动，社群结构开放。

　　与人类家庭不同的是，金丝猴的繁殖单元间没有明显的合作活动。全雄群或独雄侵入群内时，受到威胁的主雄会奋力与外来雄性厮打，而其他的主雄总是携手旁观，没有协作现象。这可能是因为金丝猴生活在捕食者较少的温带森林，没有促进主雄间相互合作的环境。早期人类生活在非洲平原，为了抵御食肉动物的捕食，人类家庭间不得不形成相互合作的关系。对金丝猴重层社会的进一步研究可能有助于我们了解人类早期社会的形态和进化机制。

麻烦的"第三者"

猴博士：

　　您好。我是一只雄性狮尾狒狒。我们盛行一夫多妻婚配，一只雄性有三妻四妾是很普遍的现象。但是最近我们家里出了点状况。有一只雄性死活赖在我们家里不肯走。他信誓旦旦地说不会染指我的妻室。傻子才会信他。我希望您回信劝他尽快离开，否则我就不客气了。

一只被气坏了的狮尾狒狒

来自埃塞俄比亚

狮尾狒狒雄性（Mori 摄于埃塞俄比亚）

一夫多妻单元

狮尾狒狒家庭关系示意图（线条粗细表示亲密关系，张鹏制图）

　　你家里的情况在狮尾狒狒中也不少见。狮尾狒狒的婚配模式是一夫多妻的繁殖单元，雌性只与自己的家长雄性交配。但是除了家长雄性以外，有些繁殖单元里偶尔会出现二雄或三雄（一般三雄比较少见）。这些雄性实际上是单元里的非繁殖雄性，不能对雌性有任何企图。

　　二雄经常会为幼崽理毛、拥抱或是让婴猴骑在自己的背上，在维持单元团结方面起着一定的作用。此外当外来雄性入侵时，二雄会保护幼崽，或者协助家长雄性抵御外敌。家长雄性和二雄的关系就像主人和管家的关系，主人垄断了与妻子们的交配权，管家原则上是不允许动邪念的。不过，有些二雄可能会与雌性偷偷交配。

　　是否存在二雄取决于家长雄性的性格。如果你实在觉得不放心，可以强硬一些，让他走。我就不必再搅和你们家里的事情了。

诱拐少女的"好心叔叔"？

猴博士：

请您救救我。我是一个三岁的少女埃及狒狒，被一个"好心的叔叔"拐走了。上周他主动为我梳理毛发，带着我玩。当我离妈妈远了一点的时候，他突然把我抱住，然后把我带到一个不认识的地方。现在我不知道自己在哪里，只有这个叔叔在身边。我很想妈妈，今天偷偷给您写这封信。希望您能帮我找到妈妈，救我出去。

被诱拐的少女埃及狒狒

来自埃塞俄比亚

说实话，我犹豫该不该给你回信。之前我曾收到过几封埃及狒狒的类似求救信，但是当我将回信寄到那些少女手中时，她们都已经改变了想法，心甘情愿地和诱拐她的雄性一起生活了。

后来我发现，雄性诱拐少女雌性在埃及狒狒中是非常普遍的现象。一般模式是这样的：

雄性4~5岁以后进入少年期，开始对新生儿感兴趣。他们寻找机会为新生儿理毛，或是将新生儿抱在怀里数分钟，试探少女母亲的反应，为将来成功"诱拐女婴"做一些铺垫。

雄性6~7岁进入青年期，开始接近幼崽，频繁地照顾他们。

雄性8~11岁进入成年期，具备了"诱拐少女"的实力，择机引诱少女雌性远离其母亲。少女雌性如果尝试逃离，雄性就会用"咬脖子"的方式进行恐吓和体罚。少女雌性被控制后，年轻雄性会一反常态，开始对少女雌性百般照顾，甚至建立了养父养女的关系。一两年后，少女情窦初开，出现月经。雄性与少女交配，培养了他的第一个配偶。

雄性16岁进入壮年期，这时他已经积累了一些配偶，形成了自己的一夫多妻繁殖单元。

与绝大多数猴科种类不同，埃及狒狒形成了父系社会。雄性通过诱拐少女雌性，切断了母女联系，维持了父系社会的构建。有意思的是，崇尚暴力的雄性表现了丰富的母性行为，并与少女雌性建立了养父养女的关

埃及狒狒雄性拐带幼女（Mori 摄于日本猿猴中心）

系。这种母性行为在父系社会形成过程中的意义值得进一步研究。

在人类社会初期父系社会起源的过程中，男性对女性的占有权暗示了婚姻关系的萌芽，男性可能采取诱拐或强掳女性的掠夺式婚姻方式建立了家庭，这可能发展成养女制婚姻和家族间交换女性的外婚制度。

虽然很多女性反感狒狒雄性的暴力行为，甚至有女权主义者提出禁止报道埃及狒狒雄性的暴力做法，但是埃及狒狒雄性的行为是自然的，演绎了生物社会的多样性。人类应该允许动物表现自己的自然行为。

女儿性格孤僻怎么办?

猴博士:

您好。我是一只猕猴。我和孩子爸爸的性格都比较开朗。但是我们的女儿性格孤僻,不愿意主动结识其他的孩子。我甚至担心她的情商比较低。不知道她怎么会这样。我们怎样做才能让女儿更适应社会?

与孩子沟通出现问题的猕猴母亲

来自南湾猴岛

猿猴的智能出众,形成了动物界最复杂和多样的社会结构。我知道你是关注孩子成长的妈妈,建议你在培养母女关系的同时,也需要注意培养孩子融入社会的能力。

首先,幼崽需要识别母亲和其他雌性。猕猴幼崽出生后3个月内就能够区别母亲和其他雌性,母亲也非常有责任心,很少让子女单独离开母亲太远。黑猩猩的识别能力更强,甚至可以通过照片识别出自己的母亲和姐妹等近亲个体。母子认知是猿猴最重要的关系,也是猿猴社会结构的基础。

其次,孩子需要学会融入母亲的社会圈。猕猴雌性们一般终生留在出生群,形成女儿—母亲,以及姐妹间的亲缘联盟。雌性之间的联盟关系是最为稳定的。这种关系不仅有利于解决群内竞争,而且对子女继承母亲的社会地位也至关重要。

孤独的猕猴(张鹏摄于海南南湾猴岛)

母亲对孩子的悉心照顾（张鹏摄于日本高崎山）

再次，孩子需要认识交往个体的社会地位。猕猴生活在有明确等级阶层的社会。高等级雌性的子女一般也是高地位的。当幼崽之间出现争斗时，高地位的母亲一般会袒护自己的子女，低地位的母亲会主动抱走自己的幼崽，回避竞争。除了直接体验以外，他们还可以通过观察别的个体间的交往了解等级关系。群内地位高的个体常常受到周围个体的尊敬，常常威胁地位低的个体并接受他们的理毛。幼崽通过母亲的行为、社会经历和观察很快懂得自己在群内的地位，并学会谨慎维持自己在群内的关系。

最后，不要强迫孩子认识自己的父亲。猕猴生活在多夫多妻群内，发情雌性会与不同的雄性交配，所以父子关系都是混淆不清的。这样的好处是可以增加孩子的基因多样性，减少杀婴行为；但是弊端是雄性很少主动

幼崽需要融入社会（张鹏摄于海南南湾猴岛）

照顾孩子，完全由母亲养育子女。

有些猿猴种类具有明确的父子关系。例如一夫一妻和一夫多妻的猿猴种类，雌性只与一个雄性交配，具有明确的父子关系。这样的好处是父亲会主动照顾子女，例如雄性狮猴会积极参与育儿，长尾叶猴雄性也会积极守护幼崽。但是也会有弊端。例如，当雄性明确婴儿与自己没有血缘关系时，可能会引发杀婴行为。杀婴行为主要出现于一雄多雌的种类。即使在人类社会中，识别父子关系要比识别母子关系难得多。我们通过婚姻家庭，基本保证了父子关系，提高了男性为子女付出的意愿。

每一个孩子都是天才。如何发挥孩子的潜力，取决于父母的付出与方法。

[6.12] 猿猴有朋友吗？

猴博士：

　　您说得对，孩子孤僻的性格可能有点像我。我自己也基本没有朋友圈，除了我两个亲妹妹以外，我很少相信其他人。我一直怀疑，猿猴之间会有朋友吗？

　　　　　　　　　　与孩子沟通出现问题的猕猴母亲

　　　　　　　　　　　　　　　　来自南湾猴岛

　　你的这个问题比较难回答。因为"朋友"这个词语非常拟人化，一般不用于动物。

　　不过除了亲缘关系以外，猿猴有很多其他社会关系，例如等级关系、竞争关系、亲密关系等。黑猩猩经常会相互拥抱、亲吻对方的手背和脸部，有时还会向对方做鬼脸等，这样可以确认等级关系，避免矛盾发生。如果分离了一段时间再相聚时，地位低的个体会主动向地位高的个体打招呼，尤其是要向首领雄性打招呼。而高地位个体偶尔以握手、抬头的仪式性动作表示认可。

　　不同物种有不同的性格。猕猴的性格倔强，争斗过后，双方很少和解，陷入冷战模式。而藏酋猴的性格比较和气，冲突后一般会立即和解，表现的和好朋友一般。黑猩猩争斗过后会通过握手表示"握手言和"，而倭黑猩猩雌性则相互摩擦阴部，通过性行为表示友好。

　　有些猴子会与某些个体保持很好的亲密关系。例如，雌性会与某个雄性维持特殊的亲密关系，这样可以获得雄性的保护，而同时雄性可以获得与雌性优先交配的权利。灵长类的这种"朋友"关系可能很短暂，也可能持续几年时间。

冲突以后，黑猩猩通过相互梳理毛发表示和解（张鹏摄于乌干达）

雌性与雄性建立良好的"恋爱关系"，但是很短暂。
（张鹏摄于日本屋久岛）

没事吵什么！

猴博士：

您好。我是一只猕猴，想跟您谈一下我的邻居长臂猿。他们平时看似高雅，但是特别嘈杂，影响我们平静的生活。尤其是早上和下午，他们会对着山谷"呜喂，呜喂，呜喂，哈哈哈"高喊，音调由低到高，震耳欲聋。我完全听不懂他们的叫声，不知道他们为什么总要对着山谷喊叫，吃饱了撑的吗？

一只被吵得睡不着觉的猕猴

来自云南哀牢山

我非常理解你的感受。因为我之前的办公室对面生活着长臂猿的一家三口，每天都会有雄性"独唱"、雌雄"二重唱"及家庭成员的"大合唱"。特别是"大合唱"，气势磅礴，一般由成年雄性引唱，然后成年雌性伴以带有颤音的共鸣，以及群体中的亚成体单调的应和，声音绕梁三日而不绝。

后来我才知道，**长臂猿歌唱既是群体内互相联系，表达情感的信号，也是对外显示存在、防止入侵的手段。**白掌长臂猿主要是雄性保卫领土和唱战歌，雌性和幼崽在附近取食，偶尔配合几声合唱。雄性唱累了回到雌性身边，享受一阵理毛伺候，立刻又焕然一新，精神抖擞地回到边界线附近开始另一回合的歌战。歌战是两群的模拟战争，减少了直接的打斗危险。

除了长臂猿以外，吼猴、叶猴和猩猩也会每天按规律吼叫，吼声可以在林中飘荡几公里。这些叫声的主要目的是向相邻群展示自己实力和保卫领地。猩猩成年雄性会发出长吼，同时体毛立起、晃身子、颊袋鼓起、双手摇树，表现得非常有攻击性的样子，不难看出长吼是他们展示实力的行为。研究人员录下成年雄性的长吼声，放给其他雄性听。低地位雄性和年轻游离雄性表现出害怕的表情，试图逃离。可以看出猩猩的长吼还可以震慑和驱赶游离雄性。

研究猴群间的叫声（群间通信行为）对理解人类语言起源有着重要的

休息的猕猴
（张鹏摄于海南南湾猴岛）

马来西亚长臂猿的喉囊可以增
加音量（Matsuda Ikki 摄于马
来西亚）

意义。猿猴的声音交流一般比较小，局限在母子之间或配偶之间的近距离
交流。这些表达同时可以通过理毛等行为来替代，例如猕猴间瞪眼睛表示
威胁、咧嘴表示屈服等，都不需要发声表达。与猿猴群间敌对关系不同，
人类形成了不同的家庭，人类家庭之间不仅没有敌对关系，甚至经常交
流。人们除了家庭内部的近距离交流以外，还需要保持家庭间的交流。家
庭之间距离较远，需要大声音的交流。于是同一地区的家庭可以形成相似
的饮食习惯、方言等文化。这样的现象在灵长类中是罕见的。

估计长臂猿不会停止叫喊的习惯，建议你调整休息时间，尽量在中午
等安静的时间休息。

猴王是怎么炼成的?

猴博士:

　　您好。我是一只有理想、有抱负的雄性日本猴。我希望自己能够成为"猴王",接受雌性们的追捧。最近我们这里的雌性们开始发情了,所以我希望尽快实现自己的理想。不过我最大的阻力是猴群中现在的那只"猴王"。请问我如何才能推翻他的统治,建立自己的新王朝?

有野心的雄性日本猴

来自日本小豆岛

　　有野心不是坏事情,但是你需要谨慎行事。我认识一只老猴王独眼龙,在争夺王位的时候,被戳瞎了眼睛。你要清楚猴王的出身一般分为三类:"实力派"、"资历派"和"太子派"。

　　"实力派"雄性一般身强力壮,直接挑战现有猴王,并以其出众的战斗力赢得母猴们的青睐。这种方法简单了当,但是这种挑战行为会引发繁殖群内公猴的联合抵抗,可能导致雄性被打死的悲剧。这种猴王多出现于野生猴群。

　　"资历派"雄性采取循序渐进的方法,先在繁殖群边缘游荡混个脸熟,然后为群内个体理毛,建立较良好的社会关系,得到群内母猴认可后进入繁殖群。刚开始是地位低的个体,随着在群内资历的提高,上位成为猴王。这种猴王多出现于人工投食猴群。

　　"太子派"雄性一般出自于高地位家系,在母亲和裙带关系的袒护下成为猴王。与其他雄性不同,他们性成熟后不离开出生群,而是继续留下与母亲姐妹一起生活。这些雄性不能与母亲姐妹等近亲雌性交配,但是可以与其他一些远亲雌性交配。这类雄性仅出现于人工投食猴群。

　　与人类不同,猕猴生活在母系社会。女儿终生留在母亲身边,而儿子在性成熟前(4岁)都要离开出生群。实际上,所有公猴都是上门汉,在群内平均滞留时间是3年左右,只是临时管理猴群,所以学者们称之为"第一位公猴"、"第二位公猴"。在猕猴的母系社会中,雌性们都是亲戚,共同保卫领地,决定雄性的去留。雌性之间偶尔出现矛盾时需要雄性介入,但是血缘雌性间的联盟才是她们终生最稳定的依靠。**雌性之间有着稳定的等级关系,而且会将这种社会关系世袭给后代,高等级雌性的女儿也是天生贵族,她们才是无冕之王。**

"实力派"雄性，正在遭遇
雌性的抵抗（张鹏摄于日本小
豆岛）

"资历派"猴王，越老越受尊崇
（张鹏摄于日本小豆岛）

"太子派"猴王，天生贵族，
有裙带支持（张鹏摄于日本地
狱谷）

黑猩猩的政治学

猴博士：

您好。我是世界上最苦逼的黑猩猩。我不仅社会地位低，而且有一个非常令人讨厌的领导，他心胸狭小、倾向暴力、色胆包天，集世间所有缺点于一身！他需要我们雄性出力的时候，哄骗我们积极与他一起狩猎动物，但是在分配胜利果实的时候，则完全不会考虑我们。他只给自己的亲戚和情人分配食物，或者让雌性通过与他性交换取肉食。他禁止我们靠近发情的雌性。借助这些淫威，他垄断了群内几乎所有发情的雌性。

我们怨声载道，但是又不敢公开反对他。因为上一次，群里身体最壮的青年雄性当众反抗他。虽然一时占了上风。但是到了晚上领导带着几个帮凶偷袭了青年雄性，撕开他的肚子，咬烂了他的睾丸。青年雄性没有挺过第二天就死了。太可怕了。

我怎样才能推翻现任领导的暴政。我看了您上一封信关于猕猴争夺猴王的建议，不知道能不能借鉴？我不求当领导，但是希望能够获得自由和公正。

最苦逼的低地位黑猩猩

来自坦桑尼亚

黑猩猩具有更高的智商、更多样的社会关系，可以想象他们之间的社会斗争会比猕猴更加复杂。而且，黑猩猩生活在父系社会，比母系社会的猕猴更有攻击性，所以建议不要完全参照猕猴社会，以免造成无法挽回的损失。

你需要懂得黑猩猩社会中的政治关系。我建议你读一本书《黑猩猩的政治:猿类社会中的权力与性》（弗朗斯·德瓦尔，1982）。书中描述了十年来曼哈勒黑猩猩群内对权力与性的争夺历史，应该对你有借鉴意义。

黑猩猩社会中普遍存在着计划、联盟和阴谋等做法。雄性等级替换中，基本上每次都伴随着选择盟友和盟友背叛的现象。当家长雄性的未必是体型强壮者，但一定要具有很高的情商和组织能力，通过问候、联盟和威胁等多种手段，娴熟拉拢追随者。他与雌性们建立了长期的感情基础，达到垄断发情雌性的目的。而群内其他年轻雄性们由于急于上手，贸然出头追逐发情雌性，反而适得其反，甚至会成为被打击的对象。家长雄性在群中最有力的"政治资本"就是其与追随者和雌性们建立的感情基础。黑猩猩社会中的钩心斗角，就像《三国演义》一样精彩。下面给你讲一个关于三位高等级雄性争权夺利的实际故事。

从 1976 年夏天开始，部落里的一只青年黑猩猩鲁伊特长大了，开始挑战老首领耶罗恩，经历了 5 场较大规模的战斗。那年冬天，鲁伊特差不多取得了替代耶罗恩的一号头领地位。不过，在那场战斗中，另一个更年轻而且精力充沛的黑猩猩尼基也崭露头角——在鲁伊特取得一号头领位置的同时，尼基取得了二号头领的位置。第三位是老首领耶罗恩。

老首领耶罗恩的政治手段：老首领耶罗恩期待自己再次上位的日子，

我在为领导梳理毛发 〔Ohashi摄于坦桑尼亚〕

并开始挑战新首领尼基，但是受阻于老大和老二的联手，他被挫败和咬伤，但是他也咬伤了老大鲁伊特。他考虑要拉拢老二，这样联手对付老大的胜算更大，风险更小。耶罗恩的另一张王牌是他与雌性们长期培养的感情。他卖力拉拢雌性们，使新首领的统治基础被架空。

新首领鲁伊特的政治手段：新首领鲁伊特意识到自己的不利处境，雌性们并不完全顺从他。作为老大，他理所应当可以垄断与所有发情雌性交配的权力。但是考虑到自己实际的处境，他需要老二尼基的支持，所以他没有过多干涉尼基调戏和追求发情雌性的过分做法。鲁伊特很清楚，如果老二尼基倒向老首领一边的话，将会对自己的王位造成致命打击。忍一忍，海阔天空。

老二尼基的政治手段：老二尼基目前处于两难，因为老首领和新首领都在争取他的支持。这并不坏，至少尼基可以趁机追求那些发情的雌性们，而且两位首领都不会干涉。尼基似乎不希望支持任何一方，而更希望双方能够两败俱伤，从而获渔翁之利。所以，尼基在两位领导之间周旋，不急于表态支持任何一方，让他们相互消耗实力。当两位首领争斗得伤痕累累时，尼基却是毫发未损。他尽量与更多的雌性们交配，获得一些既得利益。

到 1978 年春天，经过多次争斗，胜利天平渐渐偏向老首领耶罗恩，新首领鲁伊特失去了斗志。这时候，事情出现了戏剧性的变化。尼基高调进入战斗，帮着老首领耶罗恩攻击鲁伊特。很快，鲁伊特败给了两位下属的"坚固联盟"，不久就消失了。而耶罗恩重返首领地位，尼基依然是第二位，而且加强了与首领的联盟关系。

这只是一个小片段，这些钩心斗角的政治手段在黑猩猩社会中司空见惯。

黑猩猩的权力斗争并不意味着脏和坏，几次权力更迭后，几只雄性们会形成集体领导等更民主的形式。政治资本这种表述似乎拟于人类的社会活动，不过黑猩猩的智能是其他灵长类动物无法比拟的，将人类看作一种有政治的动物并不是件坏事情。就像《黑猩猩的政治学》一书封面上的那句话："政治也许比人类的历史更久远。"

黑猩猩雄性（上）与雌性（下）（Laura摄于坦桑尼亚）

人类为什么如此强大？

猴博士：

　　您好。我是一只猩猩。我虽然身体强壮，但是性格很懦弱，平时连只小动物都不敢伤害，所以我和我的家族一直躲在非洲中部的森林里。我很崇拜人类，你们虽然体型不大，但是适应力极强，能够使用武器，敢于离开森林，进入危机四伏、遍地捕食者的草原，最终称霸地球。人类最初是如何适应草原环境的呢？我们未来是否也可以进入草原呢？

一只性格懦弱的猩猩

来自印度尼西亚苏门答腊岛

　　人类起源与进化是一个漫长的过程，经历了几百万年的历史。从中新世到上新世初期（2300万年前~500万年前），非洲的热带雨林中生活着至少十几种类人猿，过着和现在的黑猩猩等类人猿相似的生活。由于长期干旱，一些生活在林缘部的类人猿不得不离开森林，开始适应稀树草原等环境。其中一个物种演化成人类祖先猿人，形成了一系列在草原生活的能力。

　　第一，猿人需要掌握在草原里觅食的能力。因为以往在热带森林生活的时候，不管是旱季还是雨季，周围总是挂满果子，他们从来不会为食物发愁。但是草原里是另一番景象，很多动物在旱季被饿死渴死。如果不尽快找到足够的食物，在无限的草原里只会增加几堆猿人的白骨，而不会有

猿
猴
家
书

猩猩母子（Matsuda Ikki 摄于马来西亚）

人类早期的生活模式（张鹏摄于日本小世界博物馆）

现代的人类。一方面猿人会增加搜寻食物的活动区域。就像坦桑尼亚草原的黑猩猩的活动区域高达500~700平方公里，是热带雨林黑猩猩的20倍。另一方面猿人会分散为小的取食群或个体，以提高取食效率。黑猩猩群也有分离聚合的现象，为了缓解群间的冲突，黑猩猩发展了发达的社会行为，例如和解行为、问候行为、安慰行为等，这些行为可能是猿人社会形成的基础。

第二，猿人需要联合抵抗捕食者。草原中生活着狮子、鬣狗等大型捕食者，而且缺乏躲避的场所，于是猿人们聚集在一起相互关照，有利于防范捕食者的偷袭，也有利于抵抗附近同类的入侵。男性负责狩猎和防御，女性忙于采集果子和哺育后代，出现了较稳定的社会分工和家庭雏形。为了共同抵御捕食者和合作狩猎，几个家庭的社会凝聚力逐渐加强，会在一起休息和活动，形成松散的社群或部落。就像黑猩猩一样，猿人可能会利用石头和树枝当武器保护自己。几个男性家长与其他青年男性组成一个狩猎集团，提高了狩猎效率，也促进了家庭间的合作。

第三，猿人家庭之间需要形成分配和交换的原则。比如说一个家庭采集了很多水果，而另一个家庭放倒了一只河马，一时吃不完。这样就可以相互交换果实与肉食，互补需求。另外，男人与猛兽作战时会有受伤或残疾的可能，伤残生病的男性可以用缴纳食物或武器的方式请人替代狩猎，随后这种关系成为社群里的制度。由此，食物积累和合作狩猎促使猿人们形成了分配与交换的经济关系。肉食性对猿人的生理和生态影响巨大，猿人获得了高营养的动物蛋白，繁殖成功率提高、寿命延长、体型变大。除了这些生理变化，他们在使用武器和更新狩猎技术的过程中，智能有了进一步的提高，社会关系更加复杂和多样。

非洲桑族采集植物的地下根作为食物

第四，猿人家庭和社群结构组成稳定的重层社会，进一步完善分配制度、近亲繁殖回避机制和外婚制。男人将猎物扛回家后，将肉分配给子女，虽然没有与子女进行物物交换，但是看到子女开心的样子，男人会得到心理的满足。这样就出现了用物质（肉）交换精神（心理愉悦）的现象。食物分配催促了爱情的萌芽。通过男性或是女性在家庭间的通婚现象，家庭间会更频繁地合作狩猎或共同防御外敌。

第五，家庭的出现推动了搬运行为和直立行走的发展。与黑猩猩在原地取食不同，猿人获得食物后需要将食物搬运到宿营地去，扶养家庭、妻子和子女。他们开始频繁地直立行走，腾开双手以便于长距离地搬运食物。随着分配和交换的制度化，可能出现了违反制度如何仲裁的问题，人类的会话能力可能是在狩猎和经济交换行为的基础上随后出现的一种能力。这样，直立行走、家庭和语言等人类特征的进化可能存在相辅相成的关系。

猩猩是亚洲唯一的大型类人猿，仅分布于印度尼西亚和马来西亚的苏门答腊岛和婆罗洲的热带雨林里。猩猩的祖先没有进入草原，一方面因为猩猩祖先的生活环境优越，没有出现长期干旱等生态压力，所以不需要进入环境恶劣的草原。另一方面，因为早期人类的狩猎活动对猩猩造成了巨大的生存冲击。在洪积世时期猩猩曾是半地栖的群居性动物，广泛分布于印度和中国各地。但是这种行动缓慢好静的动物曾经是猿人的主要食物之一。在高强度的狩猎压力下，猩猩不得不放弃地上生活，逃入深林。

由于整体的生育率很低、栖息地破坏和人类捕杀等因素的影响，猩猩的数量在过去一百年明显减少了91%，面临绝种的危险。如何保护亚洲唯一大型类人猿成为人类社会共同的责任。

第七章

智能与心理

动物的有些技能被视为高级智能的关键标志：良好的记忆力、对语法和符号的领会、自我意识、对他者动机的理解、对他者的模仿以及创造力。我们通过对动物智能和心理研究，一点一滴地从它们身上找到这些技能的迹象，逐渐改变了对人类和动物在高级智能上别的成见，并使得人类思考自身能力的源头初现端倪。

猿
猴
家
书

子曰：非礼勿视，非礼勿听，非礼勿言 ——《论语》

怎样学好一门语言？（1）

猴博士：

您好。我是一只从小在实验室里长大的黑猩猩，每天面对着几个熟悉的研究人员。他们每天研究我，我也在观察他们。从他们的表情和行为上，我可以知道他昨天是不是和女朋友吵架了，或者研究论文有没有被发表。其实，这些看似严肃的研究人员也挺可爱的。我想学习一些人类语言，与他们交流。您说这有可能吗？

一只善于观察的黑猩猩

来自日本京都大学

当然有可能。**语言可以分为图形语言、身体语言和发声语言三类。**你需要选择一种同时适合黑猩猩和人类的语言方式，这样双方沟通会容易些。实际上，猿猴与人的交流在一些地方已经成为现实。我给你举几个例子吧。

自19世纪60年代，美国华盛顿的研究者，教雌性黑猩猩瓦舒学习聋哑人手语。瓦舒自1岁起开始接受训练，4岁时已能使用150种不同的手语符号，成为第一个能与人类进行语言交流的黑猩猩。如今在华盛顿中央大学的研究室里，黑猩猩们和人类研究者可以用手语相互交流。此外，大猩猩、猩猩和倭黑猩猩经过培训，

黑猩猩（张鹏摄于日本京都大学）

人类与黑猩猩发声器官结构比较（张鹏制图）

黑猩猩学习汉字（Matsuzawa 摄于日本京都大学）

也能熟练掌握人类手语。

除了手语，黑猩猩和猩猩还会用其他方式与人沟通。例如美国的黑猩猩艾依和因达学会图形语言，可以在电脑触摸屏上打英文，打出自己想吃的水果名字和数量。因达甚至会写出 "open bag" 等短句，指示研究人员打开装食物的袋子。日本京都大学的黑猩猩 "爱" 会在触摸屏上指示想要的东西，会画出物体的形状，还掌握了300多个汉字。乔治州立大学的黑猩猩虽然不会说话，但是可以正确理解研究者间的简短对话。

目前，**黑猩猩等猿猴无法掌握人类的发声语言**。即使在人类幼儿一样的语言环境下长期生活，黑猩猩也无法像人类幼儿那样顺利掌握发声语言。这并不说明黑猩猩的智能低下，因为讲话能力并不完全决定于智能，同时需要较大的肺活量，并通过咽喉、舌、唇和牙齿等器官的协调发出声音。黑猩猩的发声器官与人类的明显不同。人类直立行走以后，头部位置上扬，发声器官和舌头的位置相应发生改变。而黑猩猩维持了与其他猿猴一样的四肢行动的，所以其讲话能力受到了限制。

这些说明人类是唯一具有发声语言的灵长类；人类祖先最早可能通过手语和图形交流，而在直立行走以后才形成了发声语言。建议你尝试用手语或图形的方式与你的人类朋友对话。相信你是可以成功的。

猿
猴
家
书

怎样学好一门语言？（2）

猴博士：

感谢您的鼓励。没想到，我们猿猴中也有很多天才啊。我要努力学习了。除了手语以外，我还可以学些什么？

一只善于观察的黑猩猩

来自日本京都大学

以黑猩猩的智能，相信你可以学到很多东西。下面是一些成功范例，松鼠猴会从0数到9，经过400次尝试后他们懂得这些数字代表的大小意义，再经过近800次尝试，他们懂得哪两个数字相加大于另两个数字之和。猕猴也可以从0数到9，可以分辨数字代表的大小意义，还可以将打乱的0~9数字从小到大顺序排列。美国佐治亚大学的黑猩猩懂得阿拉伯数字1~8的意思，懂得两个数字的和大于另两个数字的和。日本京都大学的黑猩猩不仅可以识别数字，还可以识别电脑屏幕上的物体、数量和颜色等图形信息。成功取决于你的兴趣。

黑猩猩学会数数字（张鹏摄于日本京都大学）

智 能 与 心 理

猿猴的口才

猴博士：

您好。我是一只日本猴。我不同意你上封信的观点。每一种猿猴都有自己特有的叫声，而且不同的叫声代表不同的含义。你们说听不懂我们的叫声，就说猿猴没有语言。那我们听不懂你们说话，是不是也可以说人没有语言呢？

一只伶牙俐齿的日本猴

来自日本地狱谷公园

猿猴的确具有非常复杂的声音通信能力。他们的声音具有指示性，例如长尾猴有至少六种报警声，分别针对豹子、鹰、蛇、狒狒、人和一些不重要的捕食者（鬣狗，狮子等）。听到针对豹子、蛇的警戒声时，群内个体会有上树逃避反应。听到对鹰的警戒声时，群体会集体向上看。而听到针对人和一些不重要捕食者的警戒声，他们会两足直立向四周环顾，停止打闹。不同警戒声代表不同的警戒水平。他们最害怕豹子和蛇，报警音频率最高、声音最大，而他们对鹰的报警音相对较小，表明受到威胁程度较小。报警声的大小、长度、频率和发声个体数会因捕食者的距离、威胁程度等因素变化而变化。

猿猴还可以一定程度地控制声音通信。雌性长尾叶猴发出报警声的音量与自己子女的危险程度有关。看到自己子女处于危险时，雌性会发出较刺耳的大声报警，而看到其他个体幼崽处于危险时，一般保持沉默或声音较小。黑猩猩也可以控制声音通信。虽然他们平时吵吵嚷嚷，但是在遇到

猴戏（张鹏摄于海南南湾猴岛）

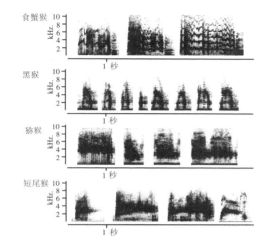

食蟹猴

黑猴

猕猴

短尾猴

不同种类的叫声不同（图片资料来源 Compbell CJ,
Fuentes A. *Primate in Perspectives.* 2007.New York:
Oxford University Press. ）

猕猴的不同发声和表情从左至右依次为：讨好、屈服、
呼唤和威胁（张鹏摄于日本高崎山）

危险时会保持异常安静，等危险解除后，又开始大声呼喊，摇树枝，捶
胸示威，似乎在发泄心中的压抑。

　　猿猴的叫声不是天生的，需要学习过程。例如从小单独饲养的猴
子，无法正确与其他猴子交流。不同地区的日本猴叫声具有"方言"上
的差异。但是与人类语言相比，猿猴的叫声非常简单，缺乏合成多个音
节的能力，也不能表达过去（或将来）的事情。所以我说只有人类才有
发声语言。

猿猴的视力好不好？

猴博士：

您好。听说我的老祖宗孙悟空具有火眼金睛，具有超出常人的视力。但是，我怎么感觉自己的视力一般呢？猿猴和人类的视力谁更好呢？

> 一只伶牙俐齿的日本猴
> 来自日本地狱谷公园

猿猴与人类婴儿一样，无法用语言进行交流，因此可以采用线条图测量猿猴视力。首先给猿猴看一张画有线条的纸和一张没有线条的纸，在距离猿猴眼睛25厘米处停滞一分钟，观察猿猴注视哪一张纸的时间更长。根据视觉偏爱法的心理特征，改变线条粗细和间隔，就可以测出婴儿视觉的最小分辨率，达到视觉表测试的结果。

对猿猴测试表明，猕猴属种类、卷尾猴和黑猩猩的视觉是1.5以上，松鼠猴为1.3左右，狨为1.0左右，夜行性夜猴视觉较差为0.3。如果测试猕猴和人类识别熟悉的动物照片，照片的一部分被覆盖，结果表明人类只要看到4％的图形区域就可以回答是什么动物，而猿猴需要看到40％的区域才能做出正确回答。也就是说，人类描述整体图形或通过印象认知的能力强于猿猴。**猿猴和人具有相似的视觉，但是认知能力的差异可能影响对眼前物体的判断。**

猿
猴
家
书

日本猴与公园管理员看报纸（张鹏摄于日本地狱谷）

[75] 猿猴的听力好不好?

猴博士:

　　您好。我是一只绿猴。听说有些人有顺风耳,可以听到很微妙的声音。这是真的吗? 我也好希望自己有一双顺风耳,可以早早发现靠近我的捕食者。 猿猴的听觉与人类的有什么不同吗?

　　　　　　　　　　　　　　　　　　一只希望有顺风耳的绿猴

　　　　　　　　　　　　　　　　　　　　　　来自乌干达

　　人类可以听到的范围,是从20赫兹~20千赫兹的声音。但随着年龄的增加,尤其高音的听力范围会下降,老年人大约只有5000赫兹。

　　很多动物有超人的听力。除了蝙蝠和海豚能够听到超声波以外,一些猴科动物也能听到超出人类界限的30千赫兹的高音。黑猩猩等大型类人猿也可以听到这个频段的高音。而原猴类可以听到更高频段的声音。环尾狐猴和树熊猴可以听到60千赫兹的超高音。

　　那么听高频率有什么好处呢? 高频音随着距离越远或遭遇障碍物,能迅速衰减,比低频音更加有隐蔽性。所以密林中生存的猿猴在纷繁的森林声音中,巧妙利用高频音相互交流信息,是一种适应能力。猿猴可以听到高频率,但是无法像人那样听到低频率音,区分声音的能力也不强。他们一般不会像人那样感觉声音频率和音压的适量变化。

绿猴(张鹏摄于乌干达)

猴子会害怕吗?

【76】

猴博士:

您好。我是一只猕猴。我的男朋友为人仗义,但是喜欢结伙打架,而且打起架来就不要命。他常说"生来就不知道什么是害怕"。这是真的吗?怎样才能知道他是否有过害怕呢?

一只胆小怕事的雌性日本猴

来自日本小豆岛

害怕的表情 (日本猴,张鹏摄于日本小豆岛)

雄性之间的战争：靠近、对峙、争斗（张鹏摄于日本小豆岛）

　　一般来说，猴子都有恐惧反应，因为感知恐怖与生存危机是生存所必需的能力，也是动物在长期进化中不断完善的应激机制。猕猴感到恐惧时常常会出现咧嘴露齿的行为。当他们受到攻击特别害怕时，会禁不住发出求救声。

　　除了表情和声音，猿猴感到恐惧时也会出现自律神经的变化。当地位高的个体靠近时，猿猴受攻击可能性增加，会出现紧张感。猿猴害怕时会出现心跳加速、手掌出汗、瞳孔放大等生理变化。即使看见其他个体被攻击，猿猴的手掌和脚掌也会由于紧张发汗。人类也会出现相似的生理反应。

　　灵长类大脑结构中扁桃形结构颞叶在恐惧、焦虑和害怕中扮演着一个关键的角色。将猿猴的扁桃形结构颞叶破坏后，猿猴失去恐惧能力，见到蛇等捕食者时不会害怕逃离，反而会上前触摸、嗅闻，失去自我保护的能力。如果你实在放心不下的话，可以建议男友检查下大脑颞叶。

　　此外，在恋爱期间，人类男性和猿猴雄性都会表现得异常勇敢，做出"生来就不知道什么是害怕"这样夸张的表现，掩饰自己的恐惧反应，这样可以增强对异性的吸引力。

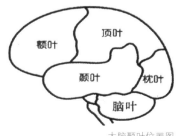

大脑颞叶位置图

[7.7] 猴子是左撇子还是右撇子？

猴博士：

　　您好。我是一只冕狐猴。我从小喜欢用左手抓握食物，但是我妈妈总是教训我，让我多用右手。她说右撇子比左撇子聪明，就像人类基本上都是右撇子。这是真的吗？猿猴是左撇子还是右撇子呢？

左撇子的冕狐猴

来自马达加斯加

对猕猴属的研究相对较多。从日本猴捡食小麦的结果来看，野生猴群和饲养群内，左撇子比右撇子个体多，这一倾向在成年个体中比较明显，但是在幼年个体中并不明显。除了日本猴以外，猕猴、红面猴、食蟹猴等其他猕猴类也有相似的结果，猕猴行为试验的结果表明左撇子占33%，右撇子占16.5%，左撇子多于右撇子，而半数以上个体没有明显的左右撇的区别。

黑猩猩的左右撇不明显，但是在敲砸坚果时，一些个体出现明显的左撇或右撇倾向。当一只手惯用于拿石锤等力气活时，另一只手会惯用于剥开坚果等精巧活动。大猩猩在做敲胸部的展示行为时，69%的个体倾向于左撇子。

一些雌性日本猴存在左右撇的现象（张鹏摄于日本高崎山）　对猕猴进行身体测量（张鹏摄于海南南湾猴岛）

　　除了灵长类以外，人们发现猫、狗、鹦鹉和鱼等动物都存在惯用左右侧肢体之分。例如鱼缸中有的鱼惯于顺时针旋转，有的则惯于逆时针旋转。

　　现代人80％以上的人是右撇子。从大量的人类化石遗迹来看，至少在300万年前的南方古猿阶段，人类就出现了右撇子倾向。这些说明左撇或右撇现象不是文化或教育的现象，而是进化的结果。

　　人类的左撇或右撇可能反映了左右大脑的机能差异。但是猕猴则没有左右大脑的形态和机能差异。类人猿的脑部较大，出现了左右形态差异。这种形态差异是否导致左右撇的差异还不明确，今后对脑左右形态差异与机能差异关联的研究仍是研究热点之一。此外，关于左撇或右撇的起源有很多假说，例如心脏防卫说、重心说和教育影响说等，但均尚无定论。

　　如果你天生是左撇子的话，实际上没有必要一定要改成右撇子。从来没有研究表明右撇子的人会比左撇子的人聪明。

[67] 冕狐猴（*Propithecus diadema*）是冕狐猴属的典型物种，
目前已经濒危。产于马达加斯加东部的雨林，是最大的
狐猴之一。成年冕狐猴的体长约为105厘米，尾长为体长
一半。

冕狐猴[67]（Matsubara Miki 摄于马达加斯加）

智　能　与　心　理

猴子是否会听音乐？

猴博士：

您好。我是一只日本猴，特别喜欢音乐，甚至听到广播里的音乐声都会感到兴奋。但是我现在住在动物园的笼子里，除了嘈杂的游客声，很难听到有节奏的声音。饲养员从来不认为动物会喜欢音乐，所以也没有考虑过给我们设置这些福利。您相信吗，猿猴也喜欢音乐的？

一只酷爱音乐的日本猴
来自日本猿猴中心

越来越多的证据表明猿猴是有乐感的。我观察过一些野生日本猴休息时，会拾起石头敲响，发出有节奏的声音。人类休息或心情放松时，会下意识地用手指有节奏地敲击桌面，同时脑中联想到熟悉的音乐节奏。人类敲击桌面时会有复杂的节奏，或可用不同速度的节奏敲击。而猴子敲石头的节奏则比较简单。但是如果经过训练的话，猴子也可以敲击出较复杂的节奏。上述都是没有功能而有节奏感的行为。

我们可以通过实验测试猿猴的节奏感。实验室里猴子坐在黑色屏幕前，面前有一个按键。要求猴子一看到按键闪光就立即按按键。连续成功，可以获得果汁奖励。经过连续训练，看猴子是否能够记住按键亮灯的节奏。

结果表明，猴子一般可以记住1秒以内间隔的节奏，例如0.6、0.75和1秒的等间隔变化，并可以在正确时间按下按钮。但是他们难以记住1.2~1.5秒间隔的慢节奏。如果将快节奏和慢节奏反复交错，训练猴子记忆。结果表明猴子对有规律的变化记忆较好，但是难以记住没有规律的变化。这种行为实验结果与人类一致。**所以猴子和人类的脑内机能接近，可以感受类似的节奏，具有乐感。**

请你把我的回复转交给你的饲养员，建议他定期播放一些纯音乐，这有利于笼养动物的身体健康。

日本猴敲击石头发出节奏声（张鹏摄于日本高崎山）

智 能 与 心 理

猴子的模仿能力高不高？

　　动物杂技表演中的拟人动作不叫模仿。在培训阶段，驯猴师教会猴子每个动作片段，然后训练猴子将这些动作组合起来，成为连贯的动作。很显然这不是猴子自发的行为。

　　模仿指对其他个体特有行为的自发学习，需要懂得观察他人行为和具有较好的行为复制能力。黑猩猩幼仔观看母亲钓白蚁后，捡起母亲扔掉的钓竿钓白蚁（或完全复制母亲钓竿的材料和制作过程），就是模仿的过程。

　　人类新生儿有模仿现象，看到大人张嘴，孩子也会张嘴，看到大人吐舌头，孩子也会吐舌头。这种模仿能力在婴儿出生几小时后就表现出来了，它可能是人的一种本能行为。黑猩猩婴儿也有相似模仿现象，看到研究者张嘴、吐舌头，黑猩猩婴儿也会张嘴、吐舌头。

　　不过，**类人猿的模仿一般都与取食有关，最终目的是要获得直接取食利益。而人类模仿则涉及文化、娱乐、心理等更高级的活动，这些高级模仿可能只出现于人类。**

猕猴模仿人的行为（张鹏摄于海南南湾猴岛）　　　　新生儿会模仿大人张嘴
　　　　　　　　　　　　　　　　　　　　　　　　　（林娜摄于日本犬山市）

他为什么撒谎?

猴博士:

您好。我是一只食蟹猴。我生活在一个和睦的大家庭,大家相互信任,从来不会有欺骗。但是,最近我发现了我的远房亲戚是个骗子。她和我们在一起生活,经常会提供假信息骗大家,例如当大家在一个地方找食物的时候,她突然发出有捕食者的假报警声,等大家都逃开以后,她却独自享用食物。还有一次,我找到了一个好吃的,她假装为我理毛,等我放松警惕后,偷走了我的食物。她是从哪里学到的这种坏习惯的?

诚实的食蟹猴

来自日本小豆岛

欺骗行为是衡量灵长类智能进化的一个重要标志。人类会编织巧妙的语言欺骗其他个体,是因为具有较高的智能基础。猿猴的日常行动中也常常有欺骗,除了你看到的手段以外,黑猩猩发现食物以后,由于担心其他个体抢夺,会将食物先藏起来,装作没有见到食物的样子,等其他个体离开后,再独自享用。

有意欺骗和无意欺骗是不同的,法律中对故意欺骗和无意欺骗的审判也是明显不同的。很多动物存在无意欺骗,例如变色龙遇到危险的时候,会通过改变自己的身体颜色欺骗天敌。这种变化没有故意选择欺骗对象或时间,是无意识的自我保护行为。在猿猴253种欺骗行为中,多数是无意欺骗行为。

人类欺骗则往往是有意图的,行骗者会提前了解欺骗对象的背景,在对方不知情时,提供虚假信息进行欺骗。故意欺骗行为是比较复杂的,需要更高的智能。人类幼儿3岁之前不会有意欺骗对方,很难区别现实和谎言,就像"皇帝的新装"故事中,当街上人们都说皇帝新装很漂亮时,只有小孩子喊出皇帝没有穿衣服的大实话。孩子到4~5岁左右以后,具备了从对方角度考虑问题的能力,便会出现故意欺骗行为。

欺骗是一种极端的利己行为。人类社会是一个复杂的有机体,对诚信的要求远比其他动物更高。如果一个人恶意撒谎或者恶意欺骗,会失去别

食蟹猴（张鹏摄于日本小豆岛）[上]
日本猴通过模拟自残行为，夸张自己的实力，吓唬对手（张鹏摄于日本高崎山）[下]

人信任，为此要付出高昂的代价。 如果社会缺少诚信，人们彼此之间无法信任，那就需要花费更多的精力去证实信息的真伪，从而会导致社会发展减缓甚至停滞不前。

长相有多重要?

[7.11]

猴博士:

您好。我是一只雌性白鼻长尾猴。我从小爱和雄性猴子们一起玩,也有不少好朋友,但是一直没有发展成为恋爱关系。我到现在还没有交过男朋友。我的朋友说我内心很温柔,但是就是长相有些粗犷,很雄性化。猴子的长相也分雌性化和雄性化吗? 猴子也是凭长相选择配偶的吗?

一只不修边幅的白鼻长尾猴

来自非洲几内亚

长相当然存在雌性化和雄性化的区别。以人类为例,我们仅从照片的脸部特征一般就可以分清性别。我们的面部轮廓、眉毛、脸型、鼻子大小、眼睛等部位都存在男女的性别差异。这一差异在婴儿出生后的6个月龄以后开始出现。另外,我们还会通过体型、服装、长相、发型、声音、气味等多种手段综合判断性别。

对于动物来说,分清性别是进行交配的前提,是保证种群繁衍的重要能力。毫无疑问,动物是可以区分对方性别的。问题是,动物仅从面部特征是否可以区别性别呢?

一些猿猴种类有明显的性二型性,两性存在明显外表差异。例如猩猩雄性体重是雌性的2倍,面部有肿胀的面盘,而雌性则没有肿胀面盘。山魈雄性脸部花纹比雌性更绚丽;狐猴很多种类的雌性和雄性体毛花纹和颜色差异明显。猿猴可以通过这些性二型性区分性别。

我们可以在实验室里进行更精细的测试。让猴子在电脑上分辨100只猴子的照片,这些照片的某些部分被遮住。猴子可以通过眼睛、鼻子、口的大小角度,吻部长短、上颚、眼窝角度等特征正确区分雌雄。此外,猴子还可以靠阴茎和睾丸判断雄性,靠乳房来判断雌性,其次也通过面部区别雌雄。

结论:猴子的确可能凭外表选择配偶的,所以你平时还是要注意收拾一下。

白鼻长尾猴[68]（张鹏摄于日本猿猴中心）

[68] 白鼻长尾猴（*Cercopithecus nictitans*），因其尾长、大鼻子上长白毛而命名。他主要分布于喀麦隆、中非共和国、刚果、赞比亚、乌干达、安哥拉等地，群居擅长声音交流。当遇到豹子等陆地凶猛动物时，会发出"扑呀斯"的声音报警；而当天空中有鹰出现时，则以类似咳嗽的"嗨克斯"声报警，而且，他们还能将"扑呀斯"和"嗨克斯"这两种发音，以不同的次数和组合表达不同的意思，目前对该种的声音通信研究较多。

安能辨我是雄雌？ 由左至右分别为倭黑猩猩、黑猩猩和人（Ohashi 摄影）

脑袋越大越聪明吗？

猴博士：

您好。我是一只东黑白疣猴。听人说脑袋越大越聪明，这是真的吗？人是最聪明的动物，是不是脑袋也最大呢？另外，我的脑容量比较小，会不会就比较笨。我的大脑与人类的大脑结构有什么差异呢？

小脑袋的东黑白疣猴

来自乌干达

人是脑袋最大的动物吗？

人类不是脑容量最大的动物。 现代人的脑容量[69]约1400毫升（成年男子），虽然超过猫（约30毫升）、狗（约70毫升）和叶猴（约90毫升）的，却小于海豚（约1500毫升）、大象（约6000毫升）和鲸鱼（约7800毫升）的。不同动物的体重不同，单比大脑重量似乎并不公平。大象不仅仅脑部比我们的大，其心脏、胃部都比人的大。大象体重3000~6000公斤，大脑也是身体的一部分，所以大象脑部比人的大并不奇怪。身体大小不同的动物，其脏器比较的话应该是脑器重量除以体重的比例，因此，就大脑而言，要测出相对脑重才好比较。

下页图标示的是大脑重量和体重的比值，越靠左上的脑重比例越大，而偏右下的脑重比例越小，这样可以看出哺乳类、鸟类、爬行类、两栖

东黑白疣猴（张鹏摄于乌干达）

[69] 脑容量（cranial capacity）：也称颅容量，脊椎动物的颅骨内腔容量大小。

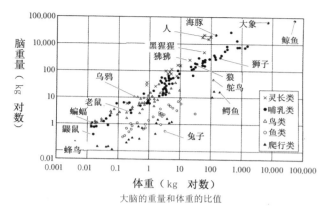

大脑的重量和体重的比值

人并非大脑比例最大的动物（张鹏制图）

类的区别。而脑子较大的哺乳类和鸟类中，哪种动物的相对脑重[70]最大呢？图中人类的最偏左上，表明人类大脑最为进化，而旁边海豚的也不小，大象由于身体较大，所以脑重比例相对较小一些。高等灵长类（眼镜猴，猿猴，类人猿）的相对脑重较原猴类的大，大猩猩与黑猩猩的相对脑重与人类的较接近。有学者认为具有复杂社会交流的动物相对脑重较大，例如海豚、乌鸦和人类频繁出现声音交流，都具有较高的相对脑重。也有学者认为取食行为影响脑的进化，例如果食性猿猴种类比叶食性猿猴种类的相对脑重大，因为取食果实比取食叶子更加复杂，需要考虑季节、位置等更多环境因素。

猿猴与人类大脑有什么区别？

从脑外观来看，人类脑表面（大脑皮层）的沟回数明显比猿猴的多。人脑左右结构和功能有明显差异，而猿猴大脑基本上没有这样的左右差异。

大脑前额叶主控灵长类的高级行为和认知活动。用MRI（核磁共振成像法）可以测量前额叶的体积，人类为250~330毫升，是类人猿的5倍，长臂猿的20倍以上。其中人类大脑皮质占前额叶的37%~39%，这一比例超过猩猩以外的其他类人猿。这些特点为人类发达的智能提供了基础。

相对于老鼠和其他动物，猴脑是最接近于人脑的。猿猴的大脑皮质各领域的机能与人类的基本相似，而老鼠等动物则没有这么复杂的皮质区分。大脑皮质内侧深层结构中，除了大小以外，人脑与猴脑的结构功能也相似。这也充分说明了人与猿猴的近缘关系。

[70] 相对脑重（Brain-to-body mass ratio）：脑重占体重的百分比。

猴子的智商有多高? （1）

猴博士:

您好。我是一只黑猩猩。我最崇拜的人是爱因斯坦，他的智商高达187（智商140以上者称为天才）。我是黑猩猩里的爱因斯坦，因为平时反应比较快，而且经常发明一些新东西。例如，我曾经收集了一些带倒刺的叶片，然后将倒刺朝外折叠起来，做成一个梳理毛发的耙子，轻轻松松地刮掉粘在毛发上的虱子和虱卵。经常听别人说，猿猴是最聪明的动物。但是您知道我们的智商有多少吗?

爱发明的黑猩猩

来自坦桑尼亚

聪明的黑猩猩（Ohashi摄于坦桑尼亚）

野外研究场景（李保国摄于秦岭）　　实验室研究场景（Ohashi摄于日本京都大学）

总体认为类人猿的智能相当于人类2~4岁的孩子，猴子智能相当于不到2岁的孩子。但是猿猴在能够很好地适应森林环境，强化了瞬间记忆等个别智能指标，他们这些方面甚至可能超过人类。

目前仍无法定量测定猿猴智能。学者们试图从不同的领域和理论背景了解猿猴的智能，例如心理学、生物学、人类学和生态学等，因为仅靠一个领域是无法了解灵长类的智能和行为的，全面的信息有助于我们全面把握灵长类的智能潜力。主要有两种研究方法：

① **野外观察**。随着长期跟踪野生种群，使动物对此习惯，可以在不影响野生种群正常活动的情况下，近距离观察他们的自然行为。例如，对取食行为的研究，使我们发现猿猴使用工具的能力，识别食物质量的能力和相互协作的能力等。我们还可以比较不同地方种群的行为差异，了解他们的文化行为。

② **实验室研究**。对饲养群的研究，可以按照我们实验的程序进行细节记录，例如对黑猩猩识别汉字的研究等。野外研究和实验室研究各有利弊。前者有利于研究一个种群的自然能力，而后者有利于了解个体学习过程和智能文化的幅度。两种方式融合有利于我们全面了解猿猴的智能。

在搭积木课题中，成年黑猩猩的能力相当于人类2岁婴儿的程度。在语言智能方面，黑猩猩、猩猩和人类2岁婴儿的成绩相当。不过黑猩猩在有些课题中的成绩非常出众。例如京都大学井上沙奈测试4岁黑猩猩瞬间记忆数字的能力（数字记忆的能力是语言智能的一种），发现4岁黑猩猩的瞬间记忆能力明显比日本大学生的更强。所以在有些智能方面黑猩猩可能超过人类，而人类的综合智能明显高于其他动物。

猴子的智商有多高？（2）

猴博士：

您好。没想到我们黑猩猩只有人类2~4岁孩子的智商。有点失望了。黑猩猩与人类的基因重合度达到99%，但是为什么人类的智商这么出众呢？人类是如何锻炼出来的呢？

一只失望的黑猩猩

来自坦桑尼亚

你不必失望。虽然高智能有利于更方便的生活，但是维持脑运转需要消耗很多能量。**占人体体重2%的脑却消耗着16%的能量，同时要求其他生理配套系统为其供给营养。**另外，膨大脑部会增加女性难产的危险，增加生产时间，导致母子更容易受到捕食者袭击等问题。如果没有安全的环境，膨胀大脑会给人类祖先带来灭绝的危机。

那么人类的智能是如何进化的呢？与其他动物相比，猿人生活在比较稳定的社会群内。随着群内成员数量的增加，个体关系呈几何倍数增加。猿人不仅需要理解第二者，而且需要理解其他个体的意图，因此需要较高的认知能力。此外，猿人需要与群内其他个体建立社会联盟。例如，黑猩猩生活在亲缘个体组成的社会群，在思考选择结盟对象、权衡争斗得失和缓解敌对

黑猩猩（Ohashi摄于坦桑尼亚）

　智　能　与　心　理

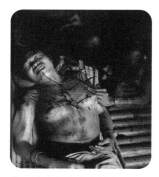

传统社会妇女生育带有很大风险，临产妇女身上的图案则带有辟邪的意义

关系等社会关系时，锻炼了个体智能，提高了个体的繁殖成功。这些都是可能影响智能进化的社会学因素。

草原环境无疑对人类智能进化有着深远的影响。猿人的移动范围明显超过黑猩猩，因而需要提高对周围环境的把握能力。为了获得足够的食物，猿人的肉食比例明显增加，获得了大脑发育所需的足够能量。人类使用的工具越复杂和精细，大脑皮层控制手（特别是大拇指）的功能区面积和控制唇舌的功能区面积较大，而控制腿和身体活动的面积较小，表明手指运动和语言能力与大脑发达相关。人类智能进化仍然有很多谜团，不过应该是受到社会生态环境的多因素影响的结果。

智商只代表高级思维能力。黑猩猩的运动能力和繁殖能力等方面明显超过人类。

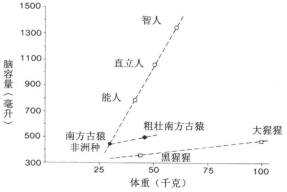

在人类进化过程中，脑容量出现飞跃式增加

稀树草原曾是早期人类的家园，这种环境对人类智能进化有着深远的影响（张鹏摄于乌干达）

猿猴为什么没有进化成人？

关于猿猴为什么没有进化成人的问题，在通读了本书以后，你也许已经有了自己的答案。但是作为本书一个小结，我有必要梳理一下人们历史上对"猿猴变人"的认识，并谈一下我对此问题的看法。

关于"猿猴变人"的故事自古就有。人们对猿猴的认识经历了三个阶段：崇拜猿猴、漠视猿猴和尊重猿猴。这些认识交织着人对大自然亲近陌生、向往疏离、尊重贬抑的多重态度，反映了人与自然关系的价值观，而且在某种程度上具有一种揽镜自照的意味。

1. 崇拜猿猴与自然崇拜

在古代社会，所有地区和民族都经历了早期自然崇拜阶段，把鬼神看作是自然现象的主宰，日出有太阳神，打雷有雷公，下雨有海龙王，生病有病魔，死亡有阎王等，借以消除对自然界的恐惧。

古代社会尤其崇拜猿猴的超强生殖能力和矫健身手。唐代传奇志书《补江总白猿传》最早记述了梁大同末年白猿抢人妻女的故事，情节扣人心弦。此白猿化为身长六尺的男子，一袭白衣、长髯美发气度不凡，且性力超强，夜夜与所掳三十余名女子行云雨之事。欧阳纥救妻心切，急率兵入山，计杀白猿，救得妻子。但此时其妻已有身孕，后生一子，状貌如猿猴。孩子长大后，文笔了得，闻名于当时。

宋初的类书《太平广记》收录了33篇猿猴志怪小说，描述了大量人与猿之间的关系。例如，《韦虚己子》和《薛放曾祖》中说猿猴最终战胜了人，但是《王长史》、《张寓言》和《辍耕录》中却说人最终战胜了猿。随后佛教的传入，则显著提高了猿猴在人们心目中的地位。《西游记》中孙悟空保护唐僧取经，成为斗战圣佛，是国人最为熟悉的正面猿猴形象。

西藏文化中有明显的猴祖崇拜，《吐蕃王统世系明鉴》详细记载了猕猴与罗刹女婚配生育一子，这便是西藏人的祖先。至今西藏贡布山上仍留有猕猴洞，而它的所在地泽当又被称为"猴子玩耍坝"，那里还有据说是由猕猴祖先为藏人们种下的第一块青稞地。猿猴崇拜在国外很多地区也屡见不鲜，例如埃及和印度的人们将狒狒、叶猴等猿猴崇拜为神灵。在自然崇拜阶段，人们将猿猴视为一种超人的神灵。

2. 漠视猿猴与近代人类中心价值观

进入近代社会以后，人们开始怀疑猿猴和自然界是否真的具有神力。自然科学的发展，使人们知道了太阳从东方升起，伤口化脓等现象的实际原理，不再相信鬼神迷信。人们控制、改造自然界的能力也进一步提高，自信心空前膨胀，形成了以人类为中心的价值观。其代表思想就是"人是自然界的主人，人能主宰一切"。康德说："动物是人类的工具。"我们不应该同情动物，因为痛苦是人类独有的感情，动物并不具有。人们漠视动物（更不用说植物），把它们当作机器来对待。在中国，人类中心价值观也曾空前盛行，"物竞天择、适者生存"被过度炒作（达尔文并没有说过这句话）。"活吃猴脑"、"四条腿的除了桌子都可以吃"，人们对猿猴和自然界的态度日趋功利，无不体现了我们对自然的漠视。这种思想至今依然广泛存在。在此背景下，任何人提出"猿猴变人的想法"都是应该被送上绞刑架的。

1859年，查尔斯·罗伯特·达尔文准备出版《物种起源》。他是非常谨慎的人，不希望自己因为坚持真理，而落得和伽利略一样的下场。所以，他在书中主动回避了对猿猴和人类进化的讨论。1863年，托马斯·赫胥黎比达尔文更大胆，在《人类在自然界位置的证据》一书中直言："人类与猿猴的近似性不仅表现在解剖学特征，而且两者在行为、心理、模仿注视、记忆、想象、推理、工具使用、武器使用、语言、自我意识、审美等方面都具有类似之处，预测最初人类祖先应该出现于非洲……也就是人猿同祖论。"达尔文看到后很后悔，赶紧在《人类起源与性淘汰》（1871）中补充说"是的，人类可能起源于某种猿猴"，以此表达他对人猿同祖理论的认可。

即使这样，进化论还是冒犯了当时的主流神学。神学者们说：天哪，赫胥黎和达尔文说人是猴子变的，这太可怕了。这样的话，艺术家不就是由刷子和颜料罐进化而来的吗？于是，大主教叫赫胥黎来质问：如果人是猴子变的，那么为什么现在还有这么多猿猴呢，另外请问是您的祖母还是祖父最先与猴子发生关系的？赫胥黎据理力争，列举了大量关于人类起源与进化的证据，获得了听众的认可。

然而，神学在当时的影响仍然非常巨大，并非一人力量可以改变。1923年美国佛罗里达州、北卡罗来纳州等立法要求人们守护上帝创造人的《圣经》学说，禁止谈论任何关于进化论、达尔文和猿猴的话题。在学校讲授《圣经》学说以外的解释，都将是违法的。不过，年轻的生物学教师约翰·斯科普斯不畏权贵，仍然坚持在课堂上讲授达尔文的进化论。在达尔文逝世43年后，他被推上审判台，吸引了四百余名专业记者采访，爆发了举世瞩目、令人啼笑皆非的"猿猴诉讼案"。最后，法院判这位年轻教师有罪，并处以100美元的罚款。神学者虽然在当时赢得了这场审判，却失去了几乎整个世界。

正当人类陶醉于自己在控制、奴役自然界的能力时，环境问题或生态问题已经接踵而来。我们面临着大气污染、水环境污染、垃圾污染、沙尘暴、水土流失、旱涝灾害和生物多样性破坏等一系列生态问题，这迫使我们重新思考人与自然之间的关系：是什么造成了今天的生态危机？我们是否还要继续征服、奴役自然界？

3. 尊重猿猴与生态中心价值观

与传统价值观把自然视为"聚宝盆"或"垃圾场"的观念相反，现代生态中心价值观把地球看作是人类赖以生存的家园。以尊重和爱护自然代替对自然的占有欲和征服行为。在肯定人类对自然的权力和利益的同时，要求人类对自然承担相应的责任和义务。生态系统的最主要特征是其整体性。自然界是由物质循环、能量流动、信息交换多样性构成的巨大有机整体，每一物种都占据着特定的生态位，都离不开与其他物种的联系和对环境的依赖。

猿猴什么时候会变成人？将来是否会取代人类？

我无法估测未来的事情，但是可以以史为鉴。在距今大约2亿年前，恐龙占据着地球生物的主导地位，称霸地球达1亿年以上，远远超过了人类出现的历史。恐龙是头脑简单的爬行类，为什么能够称霸地球如此之久？恐龙称霸地球的背景实际上是爬行类的称霸。1亿年前中生代的地球温暖潮湿，多沼泽河流，蕨类植物是当时的优势物种，为爬行类提供了充足的食物。此外爬行类是卵生的，通过地表温度或草叶腐化的温度孵化受精卵。这种繁殖技术非常适应于温暖的环境，而且父母不需要参与孵化过程，这样就可以尽快补充能量，进入下一个繁殖周期，提高繁殖效率。于是爬行类搭起了称霸地球的舞台，恐龙是这个舞台上随后出现的明星物种，成为爬行类称霸地球的代表。

在大约6500万年前，地球温度由于某种原因降低，引发蕨类植物衰退和被子植物兴起，从而改变了爬行类的食物环境。同时恐龙等爬行类的繁殖也出现严重问题，由于过分依赖地表温度孵化，很多爬行类的受精卵得不到需要的温度而无法孵化——很多恐龙蛋化石就是证据。爬行类称霸地球的舞台开始倒塌，舞台上的明星物种恐龙随之灭绝。笔者认为恐龙的灭绝不是其单个物种的问题，而是爬行类舞台衰退的结果。

爬行类衰退之后，留下了巨大的发展空间，各类群生物开始竞争。哺乳类在恐龙时代是体型似松鼠、非常不起眼夜行性的小型动物，完全无法与恐龙竞争。不过，哺乳类是恒温动物，体温受外界影响小。其繁殖技术完全不同于爬行类，通过体内养育受精卵和胎儿，出生后在母亲怀中哺育，这样后代的生存受外界温度影响小，非常适合在变化的寒冷环境中生存。哺乳类因而开始兴盛并搭起称霸地球的舞台。鲸鱼、狮子、老虎、猫、狗、老鼠等常见动物都是哺乳类，猪、牛、羊等构成人类主要的蛋白质来源。人类是这个舞台上最后登场的明星，成为哺乳类称霸地球的代表。

所以，笔者认为人类称霸地球并不完全是因为人类强大，还因为是我们站在哺乳类称霸地球的舞台上。将来不管何种原因导致人类的灭绝，这种悲剧一定与哺乳类舞台的稳定性有关。也就是说，我们与哺乳类共生共荣。人类的灭绝不是我们单个种类的问题，而标志着哺乳类统治地球的结束。哺乳类舞台倒塌后，猿猴和其他哺乳类也将一损俱损，不可能取代人类称霸地球。回顾一下，爬行类的舞台倒塌后，鳄鱼和乌龟等恐龙的近亲没有成为新的霸主。

人类、猿猴和生态系统不是单独的元素，而是共同生活、相互依偎的一个整体。由于人为的环境变化和捕杀等原因，如今全球25％的哺乳类处于濒危状态，其中包括黑猩猩等所有大型类人猿。"两岸猿声啼不住，轻舟已过万重山"的诗句仍被广为传唱，但随着我国长江流域长臂猿的灭绝，这里早已听不见猿声。动物是生态系统的重要组成部分，动物灭绝将导致森林生态和地下水资源的枯竭，这种生态系统的恶性循环将很难在短时间内恢复。而且，现今日益严重的沙漠化、沙尘暴和洪水都与生态环境的恶化有关。

　　保护动物和维护生态系统健康是人类的立命之本。

灵长类的相关网络信息

美国心理学会发行杂志检索主页　（http://www.apa.org/journals/　）

　　可以检索美国心理学会发行的所有英文学术杂志，其中代表的有《比较心理学杂志》（*Journal of comparative Psycology*），《实验心理学杂志》（*Journal of Experimental Psychology*），《发展心理学》（*Developmental Psychology*）等。

美国优生学运动画像资料馆（http://www.eugenicsarchive.org/eugenics/　）

　　由美国冷泉港研究所（*Cold Spring Harbor* Institute）主办的网站，收藏了大量优生学方面的资料。记录了美国优生学的发展历史和现在，适合于对优生学感兴趣的人群。

华盛顿大学威廉姆·凯文教授研究室网站　（http://www.williamcalvin.com/　）

　　威廉姆·凯文教授是华盛顿大学的脑科学研究者，主要从进化的视点探讨脑细胞、言语、音乐和心理理论。网站中包括其个人的最新观点，还涉及语言、进化、脑科学等相关领域的话题，是视野较宽的研究室网站范例。

英文学术杂志检索　（http://www.idealibrary.com/　）

　　网上图书馆，包含美国科学出版社（Academic Press）、桑德斯出版公司(W.B. Saunders co.) 等出版著作，也有《美国灵长类杂志》（*American Journal of Primatology*）、《美国体质人类学杂志》（*American Journal of Physical Anthropology*）、《进化人类学》（*Evolutionary Anthropology*）等灵长类学、人类学期刊。通过关键词可以检索到摘要和全文PDF文件。

Karger出版社英文学术杂志检索　（http://content.karger.com/　）

　　瑞士Karger出版社的出版物以医学为主，是世界上为数不多且完全专注于生物医学领域的出版社，也是世界上享有盛名的医学出版社之一。每年出版约80余种期刊和150种连续出版物和非连续出版物，涵盖了传统医学和现代医学的最新发展。其中包括欧洲灵长类学会主办的*Folia Primatologica*杂志，此外还有关于脑、行为、进化、人类新生儿和胎儿研究等方面内容的期刊。

Kluwer出版社学术杂志检索　（http://www.wkap.nl/jrnllist.htm/JRNLHOME　）

　　荷兰Kluwer Academic Publisher是具有国际性声誉的学术出版商，它出版的图书期刊一向品质较高，备受专家和学者的信赖和赞誉。该出版社提供期刊、光盘数据库、图书、电子产品等服务。检索中提供Kluwer出版的约800种期刊的网络版，涵盖20多个学科专题的电子期刊的查询、阅览服务。

美国灵长类学会 （http://www.asp.org/）
美国灵长类学会主办《美国灵长类学杂志》，并由Wiley and Sons出版社出版发行。网页中提供了美国灵长类学研究的最新进展，同时有关于教育、保护、研究基金和学术会议等信息。

威斯康星灵长类研究所 （http://www.primate.wisc.edu/）
威斯康星灵长类研究所是美国七大国家灵长类研究中心之一，主要从事以灵长类为模型动物的医学研究，由美国国家卫生研究所（NIH）和美国研究资源中心（NCRR）支持。

猩猩保护基金 （http://www.orangutan.org/）
Birut M.F. Galdikas 博士最早开始研究亚洲野生猩猩，并创办了该基金。主要支持野生动物保护、野生动物抢救和康复等活动，提供有小额基金。

关于人类进化的3D化石资料 （http://www.anth.ucsb.edu/projects/human/）
可以旋转观看灵长类和人类化石的3D画像，由加利福尼亚大学圣巴巴拉分校人类学系提供。

野生动物福利组织 （http://enrichment.org/）
关注野生动物保护、饲养条件下动物福利等。该非政府组织1991年在美国创办，并积极推动了世界动物福利理念，主办*The Shape of Enrichment*杂志。

京都大学灵长类研究所 （http://www.pri.kyoto-u.ac.jp/）
京都大学灵长类研究所是世界最有实力的灵长类研究机构之一，推动灵长类综合研究，其中包括生态学、社会学、心理学、脑科学、形态学、分子生物学、遗传学和饲养繁殖等不同领域。

国际人类行为学会 （https://www.hbes.com/）
国际人类行为学会主要关注以人类为对象的行为学研究，通过进化的理论基础，利用生物学和行为学的研究方法，从科学角度探讨人类行为，主办*The Human Ethology*

*Bulletin*杂志。

国际灵长类学会（http://www.internationalprimatologicalsociety.org/）
国际灵长类学会是最大的灵长类学会，主办《国际灵长类学》杂志。每两年召开一次国际灵长类学学会，由分布着灵长类的国家和没有灵长类分布的国家轮换举办。有小额研究和会议基金可供申请。

珍妮·古道尔研究所（http://janegoodall.org/）
珍妮·古道尔最早开始研究野生黑猩猩的社会生态学，并协助创办了珍妮·古道尔研究所。网站中有黑猩猩生态、行为学研究、野生动物保护和青少年环境教育项目等信息。

黑猩猩的文化（http://chimp.st-and.ac.uk/chimp/）
关于黑猩猩文化行为的网上数据库，提供非洲不同黑猩猩种群的行为差异和文化多样性。

黑猩猩草药理疗（http://jinrui.zool.kyoto-u.ac.jp/CHIMPP/CHIMPP.html）
由京都大学艾伦·赫夫曼（Alan Huffmann）博士组织的个人研究网站，提供野生黑猩猩利用草药进行自我理疗行为、草药与寄生虫关系等方面的信息。

杜克大学狐猴中心（http://lemur.duke.edu/）
提供大量关于狐猴和其他猿猴类的信息。

进化生物学链接（http://mcb.harvard.edu/biolinks/evolution.html）
由哈佛大学分子和细胞生物学系提供，包括关于生物进化的外部网络链接、学术杂志、生物学分析软件、相关国际学会和研究机构等信息。

日本灵长类学会（http://primate-society.com/）
日本灵长类学会设立于1985年，汇集了人类学、生态学、形态学、心理学、遗传学、生理学、生物化学、医学和实验动物学等多领域学者，主办*Primates*和《灵长类研究》杂志，每年在日本召开学会。

脑的图像（http://www.neurophys.wisc.edu/brain/）
由威斯康星州立大学和密歇根州立大学共同创办，提供了哺乳类17个目，100多种动物（包括人类）的全身图像、脑实物画像，可以旋转观看，适合于希望初步了解大脑进化的人群。

认知学学会 （http://www.umich.edu/cogsci/）
以英国和美国认知科学为中心的国际学会，包括人工智能、语言学、人类学、心理学、神经科学、哲学和教育学等认知科学领域。主办*Congnitive Science*杂志。每年举办一次学会。

耶基斯灵长类研究所 （http://www.yerkes.emory.edu/）
美国最早最大的灵长类研究中心，由著名心理学家耶基斯（Yerkes）创办。主要以灵长类为模型的医学研究，研究领域包括艾滋病、衰老、帕金森和行为进化等领域。

灵长类学杂志（http://www.springer.com/life+sciences/animal+sciences/journal/10329）
最早的国际灵长类学杂志，于1957年创刊，由日本猿猴中心和日本灵长类学会主办，每年4期。

德国马普进化人类学研究所 （http://www.eva.mpg.de/index.html）
德国马普进化人类学研究所创办于1997年，包括灵长类学、语言学、进化遗传学、比较发展心理学和古生物学的5个部门。

灵长类信息网 （http://pin.primate.wisc.edu/）
灵长类信息网由美国威斯康星大学灵长类研究中心管理。包括世界灵长类研究机构一览、研究者查询、动物福利介绍、灵长类简介、灵长类工作招聘等丰富的信息。非常适合于关心灵长类学的人群利用。

网上图片库
http://www.arkive.org
包括世界上16000余种生物的图像、短片和声音记录。

http://primates.squarespace.com/who_we_are_psg/
国际动物保护联盟IUCN的灵长类专家组网站，包括390种和649亚种的灵长类，数据表明其中35%的种类濒临灭绝。

www.theprimata.com
有很多关于灵长类的表格信息。

灵长类保护组织检索（www.4apes.com）
提供了80余个灵长类保护非政府组织（NGO）的链接信息。

猿
猴
家
书